KB214286

해볼
만한
수학

파깨비 선생님과
수학 파헤치기

심화편

해볼 만한 수학

이창후 지음

수학의
기본기를 다지는
필수 영양제 수학

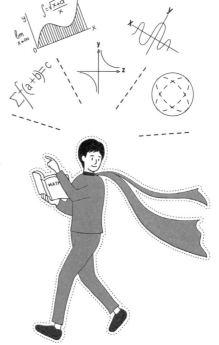

궁리
KungRee

머리말

『해볼 만한 수학』 심화편이다. 수학을 공부해나가면서 더 알아야 할 내용을 설명할 것이다.

이 책은 영양제와 같다. 그래서 얇다.

기본적인 영양분은 매일매일의 식사에서 얻어야 한다. 두꺼운 수학 교과서에 비유할 수 있다. 영양제는 거기서 빠진 중요한 영양소를 챙긴다. 이 책도 그러하다.

수학의 기본 지식은 일상적인 수학 수업에서 얻고, 이 책에서는 수학을 공부할 때 간과하는 중요한 사항들, 전체를 이해할 때 핵심이 되는 최소한의 내용들을 설명한다.

최소한의 설명을 짧고 간결하게 하는 것이 목표이다. 영양제를 밥만큼 많이 먹으면 안 된다.

이 책은 학교에서 수학을 공부하는 학생들에게 초점을 맞출 것이다. 수학을 교양으로 공부하는 사람들보다는 시험을 치러야 하는 학생들에게 수학 공부가 좀 더 절실하다.

그래서 이 책에서는 때로 외워야 하는 것을 외우는 방법도 설명한다. 왜? 그것을 피하면 수학 공부에서 더 나아갈 수 없기 때문이다. 이 책에서 그런 것들을 놓치지 않고 설명하고자 한다.

꼭 당부하고 싶은 것이 두 가지 있다.

첫째, 이 책은 기초편 다음의 내용으로서 '더 알아야 하는 내용'을 설명한다.

그렇기 때문에 수학의 어려운 내용도 다룬다. 기본 지식이 있어야 이해할 수 있고 생각하며 읽어야 하는 내용들이다. 이 점을 꼭 이해해주길 바란다.

수학에는 어려운 내용이 매우 많이 있다. 그중에서 가장 쉬운 내용에만 계속 머물러 있을 수는 없지 않은가. 조금이라도 더 어렵고 복잡한 내용을 이해하기 위해서는 다음으로 나아가야 한다.

다만, 그런 내용을 최대한 쉽고 간단히 설명하는 것이 필자인 내 몫일 뿐이다. 이 책을 쓰면서 나는 학창시절로 돌아가 수학 공부를 할 때 도무지 이해가 가지 않았거나 어려워했던 내용을 중심으로 설명하려 했다.

둘째, 이 책에서는 기초편에서 설명한 내용이 일부 중복될 것이다. 왜냐하면 "이해하려면 기초편도 같이 보라"고 말하고 싶지 않기 때문이다.

기초편을 본 독자라도 필요한 내용을 상기할 수 있도록, 그리고 기초편을 읽지 않은 독자라도 이 책에서 내용을 이해할 수 있도록 짧게라도 반복하겠다.

특히나 기초편의 많은 내용은 여러 번 반복해야 할 만큼 중요하다. 기초는 모든 분야에서 항상 중요하지 않은가.

어렵고 힘든 수학, 우리 모두가 조금이라도 쉽게 이해할 수 있게 되기를 바란다.

끝으로 정성스러운 편집과 디자인에 힘써준 궁리출판 여러분들께 감사 인사를 드린다.

2024년 10월

이창후

차례

1

다항식의
연산

: 식과 식을 더하고 뺀다고? :

다항식에서 우리는 다음과 같은 계산을 한다.

$$4x^2 + 3x - 2 = y$$
$$+)\quad -x^2 - x + 9 = 2y$$
$$3x^2 + 2x + 7 = 3y$$

우리에게 매우 익숙한 계산이다. 하지만 나는 이것을 처음 배울 때 이상했다.

'이런 식으로 계산해도 되나?'

사칙연산($+$, $-$, $\times$, $\div$)은 숫자 계산을 위한 것이다. 그런데 식을 서로 더하다니!

이것은 내게 마치 이런 계산처럼 보였다.

철수가 학교에 갔다.
$+)$ 영수는 미국에서 왔다.
철수와 영수는 학교와 미국에 갔다가 돌아왔다.

왜 이렇게 보였냐고? 식이 문자로 되어 있지 않은가. 문장을 쓰는 문자 말이다.

나는 수학 공부를 한참이나 한 후에, 식을 더하거나 곱하는 것이 문제가 없다는 것을 깨달았다. 모든 식이 사실은 숫자이기 때문이다.

x란 무엇인가? 어떤 수이다. ('수'와 '숫자'를 같은 의미로 쓰겠다.)

단지 그 수가 2인지 3인지 어떤 수인지 모른다. 그래서 x라고 표시한다. 하지만 그것이 수라는 것은 확실하다. 그래서 x^2도 수이고 y도 수이다.

그렇다면 "$4x^2 + 3x - 2$"는 숫자들을 더하거나 곱해놓은 것이다. 숫자들을 더하거나 곱해도 결국 어떤 숫자가 나온다. 그러니 그 두 숫자를 곱해도 아무 문제가 없다.

이 사실을 모두가 어렴풋이 알고 있을 것이다. 하지만 나처럼 혼란스러울 수 있으니 명확히 짚고 넘어가면 더 좋다.

여기까지는 별로 낯설지 않다. 하지만 한 발 더 나가면 또 생소하다.

나는 로그와 삼각함수를 배우고 나서 다음과 같은 식을 봤다.

$$(\log_{15}3)^2 + \log_{15}9 \cdot \log_{15}5 + (\log_{15}5)^2$$
$$y = \sin^2 x - 3\cos x + 1$$

또 한 번 놀랐다.

'아니, $\log_{15}3$을 제곱할 수가 있나?'

'$\sin x$를 제곱하다니… 이게 가능한 일인가?'

둘 다 가능하다. 왜냐하면 $\log_{15}3$도 수를 나타내고, $\sin x$도 수를 나타내기 때문이다.

$\log_{15}3$은 15를 3으로 만드는 지수인 수이고, $\sin x$는 각도 x에 대응하는 직각삼각형의 높이 비율을 나타내는 수이다. 둘 다, 단위도 없는 수 그 자체다.

이것이 수학의 가장 기본적인 진실이다.

기본적인 진실이란?

모든 것이 수이고 그것은 계산된다는 사실.

: 왜 다항식을 쓰는가? :

왜 숫자 계산이 아니라 식을 계산할까?

짧게 말해, 왜 다항식을 쓸까?

다항식을 사용해서 숫자들 간의 계산 관계를 쉽게 이해할 수 있기 때문이다.

간단한 예로 숫자 마술 놀이를 들어보자. 요즘에는 이런 놀이에 놀라는 사람이 없겠지만, 예전에는 자주 하곤 했다.

숫자 마술 놀이 _____

상대방에게 말한다. "제가 생일을 맞히는 숫자 마술을 해볼까요?" "그래요." 상대방이 좋다고 말하면 시작한다.

상대방에게 말한다. (상대방의 생일이 3월 25일이라 하자.)

(1) "태어난 달에 곱하기 4를 해주세요." ($3 \times 4 = 12$)

(2) "그래서 나온 답에 9를 더해주세요." ($12 + 9 = 21$)

(3) "그 답에 25를 곱해주세요." ($21 \times 25 = 525$)

(4) "그 답에 태어난 날을 더해주세요." ($525 + 25 = 550$)

이제 상대방에게 묻는다.

"어떤 숫자가 나왔나요?"

상대방이 답한다. "550이 나왔네요."

그럼 550에서 225를 뺀다. ($550 - 225 = 325$)

마술을 끝내며 딩딩하게 말한다. "당신의 생일은 3월 25일이로 군요!"

마술 놀이의 진실은 대단치 않다.

이제 여러분의 생일이 a월 b일이라 하자. 그러면 숫자 마술의 계산은 이와 같이 진행된다.

(1) 태어난 달 곱하기 4; $4a$

(2) 거기에 더하기 9; $4a+9$

(3) 거기에 곱하기 25; $100a+225$

(4) 거기에 태어난 날 더하기; $100a+225+b$

그러므로 상대방이 말하는 마지막 숫자에서 225를 빼면 $100a+b$가 나올 것이다. a가 3이라면 $300+b$가 나온다.

생일 날짜가 세 자리 숫자일 리는 없다. 따라서 앞의 숫자가 생월, 뒤의 두 숫자가 생일이 된다. 3월 25일을 나타내는 325처럼.

아주 간단한 과정인데도 숫자들이 더해지고 곱해지면서 그 속에서 어떤 일이 일어나는지 알아채기가 어렵다. 숫자 마술은 그것을 노린다. 겨우 225를 더해서 실태를 숨겼다.

하지만 다항식을 사용하면 그것이 명백하게 드러난다. 다항식의 힘이다.

1. 다항식의 연산

다항식을 쓰는 이유 한 가지 더!

다항식을 구성하는 문자는 모두 어떤 숫자를 나타낸다. 그 문자는 어떤 다른 숫자도 될 수 있다.

그러므로 다항식으로 구성된 내용은 어떤 숫자에든 적용할 수 있는 계산법, 즉 공식이다.

그래서 다항식으로 모든 숫자를 계산한다.

3월 25일의 생일만이 아니라 모든 사람의 생일을 숫자로 계산하듯이. 그만큼 편리하다.

: 다항식의 종류 :

다항식이란 무얼까?

문자(숫자)들이 곱하기로 연결된 것이 '항'이다.

이것이 하나만 있으면 단항식이라 하고, 여러 개의 더하기(빼기 포함)로 연결되어 있으면 다항식이라 한다.

즉, 곱해진 기호들(즉, 숫자들)이 항인데, 이것들이 여러 개 더해진 것이 다항식이다.

다항식의 종류에는 여러 가지가 있다.

어렵지는 않다. 하지만 헷갈리지 않게 한 번은 정리를 해두자. 어떤 다항식에 어떤 특징이 있는지.

제일 먼저 구분해야 하는 것은 항등식과 방정식이다.

사실, 공부할 때 항등식과 방정식이 헷갈리지는 않는다. 하지만 한참 지나서 생각하면 '항등식이 뭐였더라?' 할 때가 있다.

항등식은 '항상(항) 등식이(등) 성립하는 식'을 의미한다. 이름 속에 그 뜻이 들어 있다.

방정식은 '방정식'이라는 말에 그 뜻이 담겨 있지 않다. 이 말은 『구장산술』이라는 중국의 오래된 수학책에서 비롯되었다. 영어 'equation'을 번역하면서 그 책 8권의 제목인 '방정(方程)'이란 말이 사용된 것이다.

항등식과 방정식의 뜻은 이렇게 정리할 수 있다.

1. 다항식의 연산

항등식: 모든 변수에 어떤 값을 넣어도 성립

(예) $x^2 - 6x + 9 = (x-3)^2$

방정식: 그 변수에 맞는 값이 정해지는 식

(예) $x^2 - 6x + 9 = -x + 3$

결과적으로 항등식과 방정식의 의미는 다음과 같이 볼 수 있다.

항등식: 모양은 다르지만 실질적으로 같은 두 개의 식을 등호로 연결

방정식: 하나의 식에서 일부를 떼어 등호 저쪽으로 넘겨놓은 것

한편 부등식은 '동등하지 않은(부등) 식'을 뜻한다. 역시 이름에 뜻이 들어 있다.

당장 중요한 것은 아닌데, 의외의 내용이 하나 있다.

다음과 같은 유리식은 다항식이 아니다. 식 전체가 나누기로 연결되어 있기 때문이다.

$$\frac{x^3 - 3y^2}{5xz}$$

다음과 같은 무리식도 마찬가지다. 식 전체가 루트로 연결되어 있다.

$$\sqrt{2x^2 + 4x + 3}$$

나누기와 근호 속에 다항식이 있다. 하지만 전체는 한 덩어리다.

그래서 각각을 별도로 '유리식'과 '무리식'이라 부른다.

앞에서 본 다음 식도 다항식이 아니다.

$$(\log_{15}3)^2 + \log_{15}9 \cdot \log_{15}5 + (\log_{15}5)^2$$

왜냐하면 로그함수가 들어 있기 때문이다.

삼각함수가 들어 있어도 다항식이 아니다.

기호들(숫자들)이 곱하기로 연결된 것(항)이 아니기 때문이다.

1. 다항식의 연산

: 다항식의 목표점, 방정식 :

다항식 계산의 목표 중 하나는 방정식을 푸는 것이다.
방정식 풀이는 수학의 매우 중요한 지식이자 기술이다.
다음 상황을 생각해보자.

> 한 농부가 있다. 농부는 정사각형의 땅 그리고 그 땅을 둘러쌀
> 울타리를 사고 싶다.
> 농부는 황금 80냥을 가지고 있다. 그런데 땅은 1제곱미터당 황
> 금 2냥이고, 울타리는 1미터에 황금 1냥이다. 이 농부는 얼마의
> 땅과 얼마의 울타리를 사야 가장 넓은 땅을 소유할 수 있을까?

이 상황에서는 2차 방정식을 써야 한다.
그런데 잠깐! 2차 방정식을 쓰기 전에 머릿속에서 간단히 계산
을 해볼 수 있을까?
농부가 땅을 25제곱미터 산다고 해보자. 그러면 한 변이 5미터
이므로 사방 둘레는 20미터이다. 모두 더하면, 땅값으로 50냥, 울
타리값으로 20냥을 써야 한다. 전체 70냥이다. 10냥이 남는다.
그럼, 땅을 36제곱미터 사면 어떨까? 같은 방식으로 96냥의 황
금이 필요하다. 총액이 80냥을 넘었다.
정답은 그 사이에 있다. 얼마일까?

근의 공식이 필요하다. 교과서에서 배운 2차 방정식의 풀이법을 쓰지 않으면 이 값을 알기가 매우 어렵다.

2차 방정식에 대한 지식 없이 자기 지능만으로 해결하는 것은 거의 불가능하다.

먼저 방정식을 세워보자.

정사각형 땅의 한 변의 길이를 x라 하자. 그러면 땅 면적은 x^2이 된다. 그 둘레는 $4x$이다. 이걸 사려면 땅 면적의 2배 숫자의 황금과 울타리 둘레 숫자의 황금이 필요하다. 그래서 $2x^2 + 4x$. 따라서, 농부가 살 수 있는 가장 넓은 땅은 다음의 공식을 풀면 된다.

$$2x^2 + 4x = 80$$

그러면 최종적인 방정식은?

$$x^2 + 2x - 40 = 0$$

근의 공식을 쓰자.

$$x = \frac{-2 \pm \sqrt{2^2 - 4 \cdot (-40)}}{2}$$
$$= \frac{-2 \pm 2\sqrt{1 + 40}}{2}$$
$$= -1 \pm \sqrt{41}$$

답이 나왔다.

1. 다항식의 연산

하나만 생각하자. 2차 방정식의 풀이법은 강력한 지식이라는 것을.

근의 공식을 사용하지 않고서,

이 단순한 식의 근이 $-1 \pm \sqrt{41}$이라는 것을 어느 누가 단번에 알겠는가.

2차 방정식의 근의 공식 ─────────────

$ax^2 + bx + c = 0$일 때 $(a \neq 0)$

$$x = \frac{-b \pm \sqrt{b^2 - 4ac}}{2a}$$

: 방정식 풀이에서 배우는 생각의 기술 :

우리는 방정식 풀이법을 집중적으로 배운다. 이 공부는 필수적이다.

하지만 진정 수학적인 것은 방정식 풀이법에 담긴 사고방식, 바로 생각의 기술이다.

생각 기술의 핵심은 이거다.

문제를 잘 들여다보고 거기에서 해결책을 찾는 것

근과 계수의 관계가 대표적이다.

2차 방정식에 대해서 아무것도 배우지 않았다고 해보자. 2차 방정식을 처음 연구하는 학자의 입장이 되어보는 것이다.

그리고 문제해결을 위해서 어떻게 생각해야 할지를 고민해보자.

시험 문제를 푸는 것이 아니라, 그 공부를 통해서 익혀야 하는 수학적 사고방식에 집중해보는 것이다. (수학 공부란 결국 이런 사고방식을 배우고 적용하는 것이다.)

$ax^2 + bx + c = 0$이라는 2차 방정식을 어떻게 풀어야 할까?

수학자들은 다음과 같은 사고방식(생각의 기술)을 찾아냈다.

첫째, 문제를 최대한 간단히 만든다. 핵심만 남겨야 한다.

$ax^2 + bx + c = 0$을 $x^2 + ax + b = 0$으로 만드는 것이다.

앞에서도 원래의 방정식은 $2x^2 + 4x = 80$이었다. 우리는 이것을 $x^2 + 2x - 40 = 0$으로 바꾸었다. x^2의 계수가 1이 되었고 식이 더 단순해졌다.

때때로 b와 c가 a로 나뉘지 않더라도 문제가 없다. 분수 계수를 쓰면 된다.

둘째, 문제 안에서 해결책을 찾아낸다.

문제는 이렇다. "$x^2 + ax + b = 0$이라는 식의 근은 무엇인가?"

이 문제는, x에 넣으면 $x^2 + ax + b$의 값이 0이 되는 수 α를 찾으라는 말이다. '근'의 뜻이 이것이다.

다시, 이것이 의미하는 것은? $x^2 + ax + b = (x - \alpha) \cdots$라는 사실이다.

또 알 수 있는 것은 없을까? 있다.

이것은 2차 방정식이다. 그래서 x^2이 있다.

이런 식이 어떻게 생겨났겠는가? $x - \alpha$에 또 다른 어떤 1차식을 곱해서 생겨났을 것이다.

그 '어떤 1차식'은 $x - \beta$일 수밖에 없다. β가 어떤 수든 간에.

그래서 결국 $x^2 + ax + b = (x - \alpha)(x - \beta)$이다.

여기서 다음과 같은 근과 계수의 관계가 나온다.

$$\alpha + \beta = -a, \ \alpha\beta = b$$

어렵지 않은 내용이다. 하지만 $x^2 + ax + b = 0$이라는 방정식을 풀면서 누가 이 생각을 쉽게 해낼 수 있겠는가?

배우고 나면 당연한 것이 된다. 하지만 아무나 쉽게 생각해낼 수 있는 내용이 아니다.

2차 방정식의 근과 계수의 관계 ────────────

$ax^2 + bx + c = 0(a \neq 0)$의 서로 다른 두 근을 α, β라고 할 때

$$\alpha + \beta = -\frac{b}{a}, \ \alpha\beta = \frac{c}{a}$$

1. 다항식의 연산

: 다항식을 사용하는 또 다른 이유 :

다음 문제를 풀어보자.

> 2차 방정식 $3x^2 - 6x + 5 = 0$의 두 근이 α, β일 때 $\alpha^2 + \beta^2$은 얼마인가?

이 문제도 크게 어렵지 않다.

근과 계수의 관계를 이용해서 $\alpha + \beta = \dfrac{6}{3} = 2$이고, $\alpha\beta = \dfrac{5}{3}$임을 금방 알 수 있다.

이제 $\alpha^2 + \beta^2$을 변형해서 $\alpha + \beta$와 $\alpha\beta$의 값을 이용하기 좋게 만들자.

$$\alpha^2 + \beta^2 = (\alpha + \beta)^2 - 2\alpha\beta$$

여기에 이미 알고 있는 값($\alpha + \beta$와 $\alpha\beta$)을 집어넣으면,

$$= 2^2 - 2 \cdot \frac{5}{3} = 4 - \frac{10}{3} = \frac{2}{3}$$

여기서 생각해볼 점은 무엇인가?

문제를 다시 보자. "두 근이 α, β일 때 $\alpha^2 + \beta^2$을 어떻게 계산할

것인가?"

보통의 방식으로 생각하자면 α와 β 값을 알아야 한다. 2차 방정식을 풀어야 하는 것이다.

근의 공식을 써보면 이렇다.

$$= \frac{-(-6) \pm \sqrt{(-6)^2 - 4 \cdot 3 \cdot 5}}{2 \cdot 3}$$

$$= \frac{6 \pm \sqrt{36-60}}{6} = \frac{6 \pm \sqrt{24}\,i}{6}$$

$$= \frac{3 \pm \sqrt{6}\,i}{3}$$

$$i = \sqrt{-1}$$
$$i^2 = -1$$

α와 β 값이 복소수로 나온다. 이것을 대입해서 제곱해야 한다. 계산이 복잡하다.

그런데 우리는 이렇게 복잡한 계산을 건너뛰었다.

2차 방정식을 풀지도 않았고 복잡한 복소수인 α와 β 값을 계산하지도 않았다.

어떻게?

다항식을 사용함으로써 건너뛴 것이다.

더 편리하고 정확하다.

다항식의 힘이다.

1. 다항식의 연산

: 인수분해에 대한 간단한 생각 :

우리가 인수분해를 배우는 첫 번째 이유는?

수학자들은 방정식을 풀기 위해 인수분해를 연구했다.

우리가 생각하는 기본적인 방정식은 숫자들이 사칙연산으로 결합된 것이다.

모르는 값(혹은 알아내야 하는 값)이 2번, 3번, n번 곱해져 있으면 2차, 3차, n차 방정식이 된다.

n차 방정식이라면 n개의 1차식들이 곱해져서 생겨난 식이다. 근과 계수와의 관계에서 이것이 명확하게 드러난다.

우리가 다 아는 내용이다. 하지만 충분한 이해는 생각보다 쉽지 않다.

내 경우에는 그랬다. 의문이 쉽게 가시지 않았던 것이다.

핵심은 다음과 같다. 예를 들어,

2차 방정식 $x^2 + ax + b = 0$의 한 근이 3이다.

그렇다면 반드시 $x^2 + ax + b = (x-3)f(x) = 0$이 되는가?

내 의문점은 이랬다.

$x^2 + ax + b = 0$의 한 근이 3일 때,

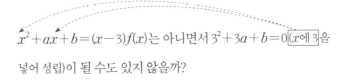

$x^2+ax+b=(x-3)f(x)$는 아니면서 $3^2+3a+b=0$(x에 3 을 넣어 성립)이 될 수도 있지 않을까?

이 생각이 내 머릿속에서 한동안 떨쳐지지 않았다.

결론으로 곧장 가자. 진실은 다음과 같다.

$x^2+ax+b=0$일 때, $3^2+3a+b=0$이라는 것이 곧 $x^2+ax+b=(x-3)f(x)$를 뜻한다.

'모양만 달라졌을 뿐' 같은 말이다. 왜 그런가?

$$3^2+3a+b=0$$
$$\rightarrow \quad 9+3a+b=0$$
$$\rightarrow \quad b=-3a-9$$

이것을 원래 방정식의 b자리에 넣어보자. 이렇게 된다.

$$x^2+ax-3a-9=0$$

정리하면,

$$x^2 + a(x-3) - 9 = 0$$

$$\rightarrow x^2 - 9 + a(x-3) = 0$$

$$\rightarrow (x+3)(x-3) + a(x-3) = 0$$

$$\rightarrow (x-3)(x+a+3) = 0$$

마지막 식을 보면, 여기에 $(x-3)$이 곱해져 있다.
지금까지 확인한 내용을 정리하면 이렇다.

$x^2 + ax + b = 0$의 한 근이 α일 때,

이 방정식이 $(x-\alpha)f(x) = 0$이 아닌 경우를 생각해볼 수 있다.

하지만 그래봤자, 그 '아닌 경우'가 결국에는 $(x-\alpha)f(x) = 0$인

경우다. 다른 가능성은 없다.

직접 이리저리 따져보면 금방 알 수 있다.

: 고차 방정식에 대하여 :

방정식에는 2차 이상의 고차 방정식들이 있다.

2차 방정식으로 논의했지만, 고등학교에서만 해도 3차와 4차 방정식까지 풀이한다.

그럼에도 2차 방정식을 주로 언급하는 이유가 뭘까?

2차 방정식이 충분히 쉬우면서도 그 이상의 고차 방정식에 대해서 생각해야 할 많은 것들을 똑같이 가지고 있기 때문이다.

예를 들어 근과 계수의 관계를 생각하자면, 3차 방정식에서의 근과 계수의 관계는 다음과 같다.

3차 방정식의 근과 계수의 관계 ────────────

일단 3차 방정식은 다음과 같은 형식을 갖는다.

$$ax^3 + bx^2 + cx + d = 0 \ (a \neq 0)$$

그러면 3차 방정식의 근은 3개이고 다음과 같이 인수분해된다.

$$ax^3 + bx^2 + cx + d = a(x - \alpha)(x - \beta)(x - \gamma)$$

근과 계수의 관계는 다음과 같다.

$$\alpha + \beta + \gamma = -\frac{b}{a}, \ \alpha\beta + \beta\gamma + \gamma\alpha = \frac{c}{a}, \ \alpha\beta\gamma = -\frac{d}{a}$$

1. 다항식의 연산

4차 방정식의 근과 계수의 관계는 교과서에 나오지 않는다. 왜?

불필요하게 복잡해서 유용성이 없다. 차라리 그냥 방정식을 인수분해하는 것이 낫다.

근의 공식도 마찬가지다.

3차와 4차 방정식의 근의 공식은 있다. 하지만 지나치게 복잡하다. 근의 공식을 썼을 때 인수분해보다 못한 경우가 대부분이다.

5차 이상의 고차 방정식에 대해서는 근의 공식도 없다.

수학 교양 서적이나 깊이 있는 전공 서적을 읽는다면 알게 될 것이다.

이런 내용을 증명하는 과정에서 숫자 계산에 대한 매우 근본적인 고찰이 이루어졌다.

그로부터 완전히 새롭고 심오한 수학이 시작되었다.

그 과정은 대학 수학 전공과목에 해당하는 내용이다.

2

도형의
방정식

: 도형의 이동, 무엇이 어렵나? :

도형의 방정식에 대해 배우다 보면 도형의 이동을 배우게 된다.
내용은 복잡하지 않다. 간단한 문제를 보자.

도형의 평행 이동 ─────────────────────

문제 도형 $2x+3y-1=0$을 평행이동 $T: (x, y) \rightarrow (x-1,$
$y+3)$에 의해 이동한 도형의 방정식을 구하라.

풀이 평행이동 T는 x축의 방향으로 -1, y축의 방향으로 3만큼
이동하는 것이다. 따라서 x 대신에 $x+1$, y 대신에 $y-3$
을 대입하면 된다. 즉,

$$2(x+1)+3(y-3)-1=0,$$
그러므로
$$2x+3y-8=0$$

이 대목에서 이해하기 어려운 점이 있다.
설명에서 밑줄 친 부분이다.

2. 도형의 방정식

'x축의 방향으로 -1, y축의 방향으로 3만큼 이동한다. 그러면

x 자리에 $x-1$을, y자리에는 $y+3$을 넣어야 하는 거 아닌가?

왜 부호가 바뀌었을까?'

이 문제는 도형이 복잡한 식이라도 동일하다.

만약 $x^2+y^2=16$이라는 도형을 이동한다면 어떻겠는가?

식은 2차식으로 복잡해졌다. 하지만 정확히 똑같은 작업을 한

다. 이렇게.

$$(x+1)^2+(y-3)^2=16$$

더 어려울 것도 없고 더 쉬울 것도 없다. 문제는 똑같다.

x축 방향으로 a만큼, y축 방향으로 b만큼 이동하면,

왜 $x+a, y+b$가 아니라 $x-a, y-b$를 넣어야 하는가?

: 정확한 생각 :

두 가지 방식으로 설명하겠다. 표현은 다르지만 실제로 같은 내용이다. 쉽게 이해되는 쪽으로 생각해보길 바란다.

첫째, 수학적 계산 이전에 느낌을 잡아보자.

여기(x)에 있는 것을 위로 20미터 옮긴다. 그것이 새로운 위치(x')가 된다. 새로운 위치가 곧 새로운 식이다.

이때, 새로운 식(x')을 찾기 위해서 그 새로운 식에서 생각하면 안 된다.

그걸 몰라서 계산으로 찾으려는데, 그 모르는 식에서 계산을 해나갈 수는 없지 않은가. 모순적이다.

> x축 방향으로 a만큼 이동했다면, 거기(x)에 $x+a$를 넣으려는 생각이 바로 모순적 생각이다.

그래서 처음의 식(x)을 활용해서 계산해나간다.

정리하면,

이렇게 생각하면 안 된다. (이건 문제 그대로의 생각이다.)

> 거기(x')는 여기(x)에서 20미터 위로 옮겨가는 곳이다. 그래서…

2. 도형의 방정식

$$(x'=x+a)$$

다음과 같이 생각해야 한다. (이것이 문제해결의 생각이다.)

…그러니까, 여기(x)는 옮겨갈 위치(x')에서 봤을 때 20미터 아래에 있던 곳이다.

$$(x=x'-a)$$

둘째, 다음 그림에서 보듯 이쪽에 있던 도형을 저쪽으로 옮긴다. 이것이 평행이동이다.

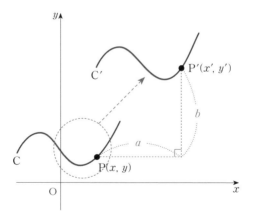

이제 옮긴 도형의 식을 찾기 위해 어딘가에 값을 대입해야 한다. 어디에 어떤 값을 넣을 것인가?

우 리에게는 (옮기기 전의) 처음 도형의 식만 있다. 여기에 넣어
야 한다.

어떤 값을? 왼쪽의 값이 아니라 오른쪽 값이다.

$$x+a = x' \qquad \rightarrow \qquad x = x'-a$$
$$y+b = y' \qquad \rightarrow \qquad y = y'-b$$

x'과 y'이 아니라 x와 y에 들어갈 값이니까.

첫째 설명과 둘째 설명을 결합해보자.

기억해야 할 것은 하나다.

우리에겐 옮기기 전 도형의 식만 있다.

거기(x)에서 계산을 시작한다.

거기에 넣을 값($x = x' - a$)을 생각해야 한다.

: 두 직선의 교점을 지나는 직선 :

두 직선의 교점을 지나는 방정식을 찾는 법을 생각해보자.
그 내용은 간단하다.

두 직선의 교점을 지나는 직선 ————————————

다음 두 직선 (a)와 (b)가 서로 만난다고 하자.

(a) $ax+by+c=0$

(b) $a'x+b'y+c'=0$

이 두 직선의 교점을 지나는 직선의 방정식은 다음과 같다.

$$(ax+by+c)+k(a'x+b'y+c')=0$$

왜 이렇게 되는가? 교과서에서는 이것을 수학적으로 설명한다.
틀림없는 설명이다.

하지만 이것을 읽는 학생도 잘 없고, 읽어도 알지 못한다.

그저 마지막 공식이 기억하기 쉬울 뿐이다. 시험 문제도 그다지
어렵지 않다.

그래도 의문이 남지 않는가?

'이런 계산을 할 때 실제로 도형에 어떤 일이 일어나는 거지?'

답은 이렇다.

두 직선의 값이 일정한 비율로 섞여서 하나의 직선으로 짜부라
진다.

그림으로 나타내보자.
(파란색 직선이 $(ax+by+c)+k(a'x+b'y+c')$이다.)

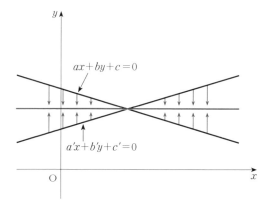

구체적인 도형으로 실제 어떤 일이 일어나는지 살펴보자.
다음과 같은 두 직선을 생각하자.

$$3x+2y+2=0$$
$$2x-y+4=0$$

그래프로 그리면 이렇다.

2. 도형의 방정식

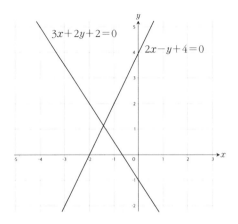

이제 공식대로 계산해보자.

$$(3x+2y+2)+k(2x-y+4)=0$$

$k=1$일 때, $5x+y+6=0$이 나타난다. 그래프는 이렇다.

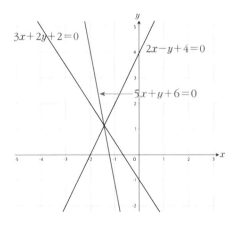

이 경우는 두 직선의 값들이 비율에 따라 좌우로 섞였다.

$k = -1$일 때는 어떨까? $x + 3y - 2 = 0$이 계산된다. 그래프는 이렇다.

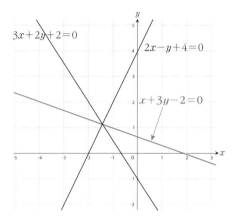

이번에는 직선의 값들이 아래위로 섞였다. 이 경우를 더 알아보자.

k의 값들이 변함에 따라서 두 직선이 합쳐져서 만들어지는 직선이 일정하게 달라진다.

이렇게.

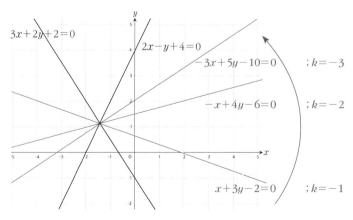

2. 도형의 방정식

k의 값이 한 방향으로(-1에서 -3으로) 변할수록, 두 직선의 값이 섞인 비율도 변한다. 그래서 새로운 직선도 점점 한 방향으로 기울어졌다.

여기서 k는 $2x-y+4=0$이라는 식에 곱해져 있다. 그래서 k값의 절댓값이 커질수록 이 직선의 영향력도 커진다. 더 많이 반영되는 것이다.

그래서 합쳐진 직선이 직선 $2x-y+4=0$에 다가간다.

예를 들어 $k=-20$을 넣으면 다음과 같은 그래프가 나온다.

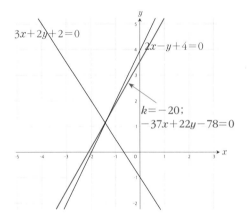

두 직선이 합쳐진 직선이 $2x-y+4=0$에 매우 가깝게 되었다.

두 직선을 결합하는 데 하나를 몇 배로 키워서 결합했으니, 그 결과물에 키워진 직선이 더 많이 반영될 수밖에.

이렇게,

식이 달라짐에 따라서 그래프가 어떻게 변하는지 감을 잡을 수 있다.

처음에 설명하고자 한 핵심을 정리하자면 이렇다.

교점을 지나는 방정식($(ax+by+c)+k(a'x+b'y+c')$)을 계산할 때, 두 직선 사이의 어느 공간에 있는 한 직선으로 두 직선 사이의 공간이 (짜부라지듯) 결합된다.

: 생각해볼 문제 :

그런데 한 가지!
얼핏 이상하게 생각될 만한 점이 있다.

> '두 직선의 값을 그저 더하거나 뺐을 뿐이다. 평균을 내거나 하
> 지 않았다. 그런데 어떻게 일정한 비율로 섞일 수 있을까?'

두 직선을 더했다. 그러니 직선의 모든 값이 더해져서 위나 아
래로 움직여야 하는 것이 아닐까?
그림으로 생각하면, 다음과 같은 일이 일어나야 하는 것이 아닐
까?

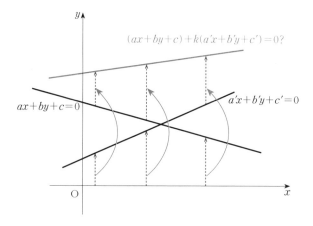

이 그림에서는 두 직선의 값이 더해져서 전체보다 값이 큰 다른 직선이 생겨난다.

이런 의문들이 필요하다. 의문이 있어야 이해가 따라온다. 오해에 따른 의문이라도 수학을 공부하는 데에 도움이 된다.

답은 이렇다.

일단 위의 상황은 다음과 같이 두 식이 더해졌을 때 나타난다.

$$
\begin{array}{r}
ax + b \\
+) \quad a'x + b' \\
\hline
(a + a')x + (b + b')
\end{array}
$$

동일한 y 값이 두 식의 x 값과 상수에 의해서 달라지는 상황이다.

그런데 교점을 지나는 직선을 구하는 공식은 이와 다르다.

여기서는 y와 y'의 값도 같이 더해진다. 이렇게 y 값까지 더해지면 어떻게 되는가?

극단적으로 단순한 경우가 오히려 이해에 더 도움이 될 것이다.

$$
\begin{array}{r}
y = 2x + 1 \\
+) \quad 2y = 4x + 2 \\
\hline
3y = 6x + 3 \quad \rightarrow \quad y = 2x + 1
\end{array}
$$

모든 계수들이 더해져서 모든 값이 커졌다. 하지만 사실상 같은 식이다.

왜냐하면 y의 계수도 더해졌기 때문이다.

(x와 y의 비율이 유지되었다고 생각해도 좋다.)

2. 도형의 방정식

지금까지 따져본 바를 정리하면 다음과 같다.

두 식이 더해질 때, x와 y의 계수도 더해진다. 그래서 y의 계수로 x의 계수와 상수를 나누는 효과가 생겨난다. 그래서 그래프는 두 직선 사이에 나타난다.

: 교점을 지나는 원의 방정식 :

두 원의 교점을 지나는 (제3의) 원의 방정식은 어떨까?

그림으로 살펴보자.

아래 그래프는 다음의 두 원의 방정식을 나타낸다.

$$x^2+y^2+5x+y-6=0$$
$$x^2+y^2-3x-2y-2=0$$

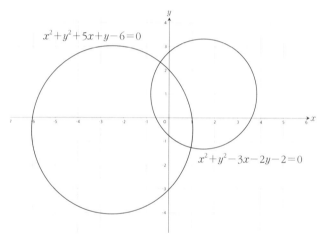

여기에 $x^2+y^2+5x+y-6+k(x^2+y^2-3x-2y-2)=0$이라
는 원의 그래프를 그려보자.

예를 들어 $k=2$일 때,

원의 방정식을 계산하면 $3x^2+3y^2-x-3y-10=0$이 된다.

그래프는 다음과 같다.

　　　　　　　　　　　　　　2. 도형의 방정식

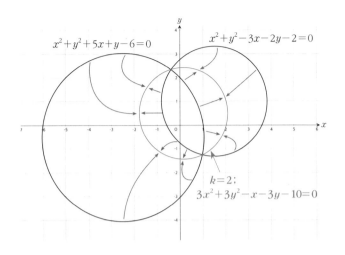

그림에서 보듯이 두 원 사이에 있는 공간에서 만나 하나의 원이 된다.

k 값이 변할 때 새로운 원은 어떻게 달라질까?

$k=2$일 때와 $k=4$일 때를 그려보면 다음과 같다.

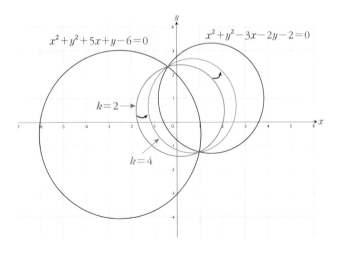

k가 작은 원에 곱해져 있다. 따라서 k의 절댓값이 커질수록 작은 원에 가깝게 새로운 원이 그려진다.

k가 음수가 되면 두 원 사이의 다른 공간에 원이 그려진다. 이렇게.

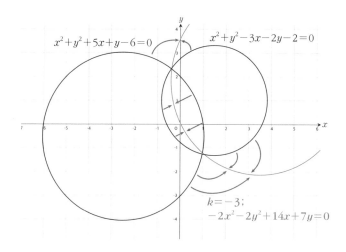

이 그래프는 $k = -3$일 때의 그래프이다.

원의 경우 역시 직선의 경우와 원리적으로 똑같다. 다음과 같은 점에서.

두 교점을 지나는 원의 방정식($(x^2+y^2+ax+by+c)+k(x^2+y^2+a'x+b'y+c')=0$)을 계산할 때, 두 원 사이의 어느 공간이 짜부라지듯이 두 원이 원 하나로 결합된다.

2. 도형의 방정식

이렇게 수학에는 절대적인 일관성이 있다. 교점을 지나는 직선의 원리와 교점을 지나는 원의 원리가 같다는 말이다.

왜? 수학 자체가 원리를 표현하는 학문이니까.

3

집합,
명제,
함수

: 기초 개념의 존재 이유 :

사냥꾼의 수수께끼 _____

사냥꾼이 사냥을 하러 갔다. 사냥을 하러 가면 '캠프'라는 것을 차리게 된다. 사냥터가 멀기 때문에 먹고 자는 데 필요한 물품들을 캠프에 쟁여두고 사냥에 나선다. 그 많은 물건들을 모두 들고 사냥할 수 없는 노릇이니까.

이 사냥꾼 역시 캠프를 설치하고 사냥터로 출발했다. 그러다 남쪽으로 계속 2km 정도를 가게 되었고, 거기서 곰을 발견했다. 곰을 발견한 사냥꾼은 총을 쏘았다. 곰은 달아났고 사냥꾼은 곰을 쫓아 동쪽으로 2km를 따라갔다. 사냥꾼은 마침내 곰을 잡았다. 큰 곰을 잡았으니 하루 사냥을 마친 사냥꾼은 자기가 잡은 곰을 끌고 북쪽으로 2km를 이동했다.

그랬더니, 세상에나…! 사냥꾼이 캠프를 비운 사이에 (사냥꾼이 잡은 곰이 아닌) 다른 곰이 와서 캠프를 짓밟아놓고 가버렸다.

수수께끼는 여기에 있다.

사냥꾼의 캠프를 짓밟아놓고 사라진 곰의 털 색깔은 무슨 색일까?

집합, 명제, 함수 등의 개념은 수학의 기초 기념이다.

이런 기초 개념은 이해하기가 쉽지 않다. 내용이 복잡해서 그런 것이 아니라, 다음과 같은 의문이 가시지 않기 때문에 어렵게 느껴진다.

'이런 걸 따져서 도대체 뭘 하려는 거지? 왜 꼭 이런 걸 알아야 할까?'

수학 하면 숫자 계산이 머릿속에 떠오른다. 도형과 그래프도 떠오른다. 이런 것들과 집합, 명제, 함수와 같은 기초 개념들은 서로 관련이 없어 보이기도 한다.

왜 수학에 함수라는 개념이 나타났을까?

그 답은, 우리의 생각에 대해 잘 알기 위해서이다. 특히 수학적인 생각을 낱낱이 알기 위해서 기초 개념을 연구한다.

우리 자신의 생각을 우리가 이미 잘 알지 않을까? 그렇지 않다.

앞에서 본 사냥꾼의 수수께끼가 그것을 보여준다.

여러분은 그 수수께끼를 풀었는가? (난 풀지 못했었다.)

답과 이유를 모두 알아야 수수께끼를 푼 것이다. 이유를 모르고 답을 고른 것은, 우연히 찍은 답에 불과하니까.

먼저 답을 말하면, 곰의 털 색깔은 하얀색이다.

그렇다면 왜?

사냥꾼이 캠프를 중심으로 어떻게 이동했는지를 생각해보자.

캠프에서 남쪽으로 2km, 곰을 쫓아서 동쪽으로 2km, 그리고 다시 북쪽으로 2km를 움직였다.

어? 다시 서쪽으로 움직이지도 않았는데 캠프에 도착해버렸다. 어떻게 그럴 수 있을까?

일반적으로는 그럴 수 없다. 지구상의 오직 한 곳에서만 이런 일이 발생한다. 바로 북극이다.

지구는 둥글고, 이 진실이 가장 극적으로 실현되는 곳이 극지방이다.

북극에는 북극곰만 산다.

북극곰은 모두 털이 하얀색이다.

남극은 안 되나? 남극에는 곰이 없다. 문제에 제시된 남북의 방향도 잘 맞지 않지만…

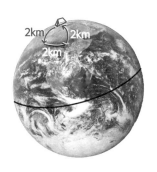

이렇게 움직여서 처음 자리로 돌아올 수 있는 곳은?

3. 집합, 명제, 함수

: 나도 모르는 내 생각 :

문제 안에 이 수수께끼를 풀 수 있는 단서가 있다.

남쪽으로 2km, 동쪽으로 2km 그리고 북쪽으로 2km를 이동해서 원래의 캠프로 돌아왔다. 서쪽으로는? 여기에 단서가 있다. 하지만 우리는 이 단서를 명백히 보고서도 답을 찾지 못한다.

대신에 우리는 이렇게 생각한다.

'왜 서쪽으로 2km 이동했다는 말이 없을까? 어쨌든 제자리로 돌아왔다는 말이겠지?'

이때 우리는 완전히 평평한 평면 위에서 움직인다고 생각한다. 다음과 같이 생각하지 못한다.

'왜 서쪽으로 2km 이동했다는 말이 없을까? 그럼에도 제자리로 돌아왔다면 움직인 공간이 평평하지 않은 것인가?'

항상 평면 위에서 움직인다는 생각이 크게 잘못된 것은 아니다. 서울에서, 혹은 대한민국 안에서 이동하거나 여행을 할 때 완전한 평면 위에서 움직인다고 생각하기 때문이다. 그래도 아무런 문제가 생기지 않는다.

하지만 동시에 우리 모두는 분명히 알고 있다. 지구가 둥글다는 것을. 그래서 사실상 우리가 항상 곡면 위에서 움직인다는 것도 알고 있다.

즉 우리가 분명히 알고 있는 내용을 어떤 상황에서는 잘못 가정하여 생각하는데, 우리가 이런 착각을 인지하지 못한다. 이것이 사냥꾼의 수수께끼를 풀지 못하는 이유다.

요점에 도달했다.

사냥꾼의 수수께끼에서만 이런 일이 일어날까?

그렇지 않다는 것을 확인하기 위해 다른 수수께끼를 하나 더 풀어보자.

이번에는 다음과 같이 생각하면서 문제를 풀어보자.

'혹시나 내가 어떤 잘못된 가정을 하고 있는 걸까?'

사냥꾼의 수수께끼 교훈을 기억하면서 말이다.

최단 경로 수수께끼 _____

다음 그림은 지도이다. 건물로 가득 찬 도시의 한 부분을 나타낸다. 선은 도로를 나타낸다.

여기에서 A 지점에서 B 지점으로 걸어가는 최단 경로는 어느 경로일까?

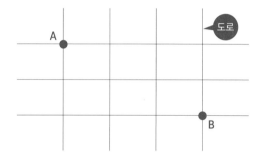

수수께끼 문제는 간단하다. 하지만 답을 찾기는 어렵다. 역시 답과 이유를 모두 말할 수 있어야 한다.

답을 찾으려는 우리 생각에 어떤 잘못된 가정이 끼어들어 방해하는지 주의를 기울여 살펴보자. 여기에 사냥꾼 수수께끼처럼 잘못된 가정이 들어와 있다.

하지만 좀처럼 그 '잘못된 가정'을 찾기란 어려울 것이다.

'도로를 벗어나 대각선으로 가로질러 가면 안 될까?'

도로를 따라서 가야 한다는 것도 암묵적 가정 중의 하나다.

하지만 이것은 수수께끼 자체를 유지하는 가정이다. 수수께끼를 받아들여서 그것의 답을 찾을 때는 이런 가정은 인정해야 한다. 도로를 벗어나서 가로질러 가면 안 되는 것이다.

이제, 수수께끼의 답을 이렇게 표시할 수 있다. 왜 그럴까?

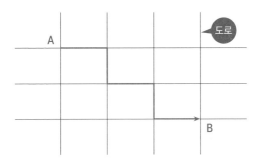

정답은 다음 페이지에 있다.

그림에서 보듯이 모든 도로(길)는 폭을 가지고 있다. 그래서 도로가 많이 꺾인 경로일수록 비스듬히 대각선으로 가면서 더 짧게 움직일 수 있다! 최단 경로는 거기에서 생겨난다.

우리는 도로에 폭이 있다는 것을 너무나 잘 안다.

하지만 지도를 보는 순간 그 사실을 까맣게 잊는다. 그러고는 표시된 도로에 조금도 폭이 없다는 잘못된 가정을 집어넣는다.

그 결과는 잘못된 생각으로 이어진다. 문제해결에 실패하는 이유다.

3. 집합, 명제, 함수

모든 도로는 폭을 가지고 있다. 그렇기 때문에 최단 경로의 답은…

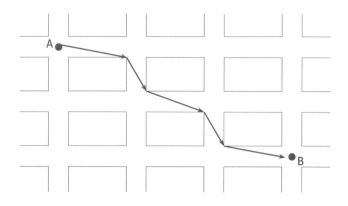

이런 수수께끼를 그저 재미로만 풀 수도 있다.

하지만 이와 같은 수수께끼들에서 교훈을 얻어 수학을 깊이 이
해한다면 더 좋을 것이다.

두 수수께끼에서 얻는 교훈은 무엇인가?

반복하지만, 우리 생각 속에서 어떤 일이 일어나는지 우리가 잘
모른다는 것이다. 그래서 잘못된 가정이 암암리에 우리 생각 속에
들어가도 그걸 찾지 못한다.

사냥꾼의 수수께끼를 풀 때, 우리는 암묵적 가정에 대해서 미처
관심을 기울이지 못했다. 최단 경로 수수께끼에서는 이런 가정을
찾아보려 했지만 그래도 어려웠다.

수학자들도 크게 다르지 않다. 그래서 수학의 증명이나 계산에
서 수학자들이 암묵적 가정에 휘둘려 실수하는 일이 있었다.

이를 방지하기 위해 수학자들은 사고에 대해 면밀하게 조사했다. 그리고 우리 생각의 과정을 낱낱이 밝혀서 수학의 내용으로 만들었다.

그것이 집합, 명제, 함수 등의 기초 개념들이다.

3. 집합, 명제, 함수

: 집합, 명제, 함수의 내용 :

그렇다면 집합, 명제, 함수의 내용에서는 무엇을 설명하는가?

먼저 말할 것이 있다.

모든 생각에서 암묵적 가정이 끼어들지 않게 하는 방법은 없다. 대신에 생각의 (모든 영역이 아니라) '일정한 영역'을 암묵적 가정 없이 명백하게 표현하는 것은 가능하다.

집합, 명제, 함수가 바로 이것을 가능하게 한다.

집합은?

수와 도형이 어떤 구조를 가지고 있는지, 서로 어떻게 계산되거나 연관되는지를 낱낱이 보여준다.

'낱낱이'가 핵심이다.

그렇게 함으로써 생각 속에 숨은 가정들을 다 드러낸다.

예를 들어 2라는 숫자는 '이것'과 '저것'이 있는 집합의 원소의 개수로 나타낸다.

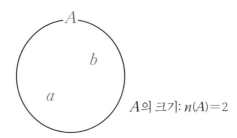

A의 크기: $n(A) = 2$

뭔가 어렵게 보인다. 하지만 잘 생각해보자. 우리가 생각하는 '2' 그대로를 정의한 것이다.

2의 의미는? 어떤 것이 2개 있다는 것

이것이 우리의 생각이 아닌가.

여기에 어떤 숨은 가정이 있단 말인가?

여기에는 없다. 하지만 이런 방식을 통해 중요한 가정들이 숨어 있는 경우를 많이 찾아냈고, 그것은 대학에서 집합론을 공부할 때 알게 된다. (대학에서 배우겠지만 '선택 공리'가 대표적이다.)

명제는?

우리의 논리적 사고를 명백하게 조사한다. 그리고 숨은 가정 없이 논리적으로 생각할 수 있는 영역을 개척한다.

그래서 명제 단원을 배우면, '~이면', '그리고', '또는'과 같은 논리를 도입하고 여기에 기호를 사용한다. 왜 기호를 사용하는가? 일상적인 말에 뒤따르는 숨은 가정을 차단하기 위해서이다.

함수는?

계산에 대해 확인한다. 교과서에서 함수 단원은 집합과 명제 단원과 따로 떨어져 있다.

함수의 개념으로, 우리가 계산할 때 근본적으로 어떤 일이 우리 머릿속에서 일어나는지를 따져본다.

계산을 할 때 우리는 무엇을 보는가? 어떤 숫자가 다른 숫자가 되는 것을 본다.

어! 그럼 함수는 '된다'는 것을 중심으로 정의되어야 하지 않을까?

하지만 교과서에서 배우는 함수는 '대응 관계'로 나타난다. 왜 그럴까?

'된다'는 것에 대해서 잘 생각해보자.

이때, 최대한 아무런 숨은 가정 없이 생각해야 한다. 그러기 위해서, 꼭 필요한 것 외에는 모두 지우고 무색의 의미로 생각하자.

그때 우리는 이렇게 생각한다.

$$a \rightarrow b$$

'된다'는 것을 무색의 의미로 생각한 것, 이것을 뭐라고 부를까?

수학자들은 '대응(관계)'이라고 부른다.

여러분은 이것을 다른 말로 표현해도 된다. 하지만 결국 '대응'을 생각하게 될 것이다.

: 조건문의 변화 :

명제 단원에 등장하는 내용 중 하나로 다음의 공식이 있다.

$$P \rightarrow Q = \sim P \vee Q$$

'P이면 Q이다'는 곧 'P가 아니거나 Q이다'와 논리적으로 같다는 공식이다.

$\sim$(부정, NOT), $\vee$(논리합, OR), $\wedge$(논리곱, AND) 등의 기호를 알면 크게 어려운 것은 없다. 이해가 잘 안 되면 외우면 된다. 금방 외울 수 있다.

하지만 이런 간단한 것이라도 먼저 잘 이해해야 한다.

쉬운 내용이지만 아주 중요하다.

나중에 대학에서 기호논리학을 배우면 끊임없이 등장한다. 그리고 정말 많은 논리적인 추론에 쓰인다.

이것을 수학적으로 증명하는 방법은 간단하다. 다음과 같은 진리표를 쓰면 된다.

P	Q	P $\longrightarrow$ Q
T	T	T
T	F	F
F	T	T
F	F	T

T: true, 참
F: false, 거짓

3. 집합, 명제, 함수

문제는 이런 증명이 아니다. 우리는 이것이 옳다는 것을 이미 안다. 교과서를 신뢰하기 때문이다.

그런데 이게 그럴듯하게 느껴지지 않는다는 것이 문제다.

수학은 잘 이해하면 당연하고 뻔하다. 매우 옳다. 수학 지식이 강력한 이유다.

그런데 기초적인 내용에서부터 그 당연함을 느낄 수 없다. 그러면 그다음은 더욱 어렵다. 이래서는 안 된다.

쉽고 간단하게 $P \rightarrow Q = \ {\sim}P \lor Q$의 당연함을 느껴야 한다.

파깨비 방식의 설명법은, 살짝 감정을 섞어 말해보는 것이다. 딸을 살리려는 주인공에게 악당이 협박하는 것과 같은 영화 속 장면을 상상해보면 더욱 좋다.

> 악당: 네가 비밀번호를 말해주면 딸을 살릴 수 있다. ($P \rightarrow Q$)
>
> 주인공: 뭐라고? 그게 무슨 뜻이야?
>
> 악당: 그러니까, 네 딸을 살리든지 비밀번호를 말하지 말든지,
> 둘 중에서 선택하라고! ($Q \lor {\sim}P$)

대화에 감정을 싣다 보니, 악당의 두 번째 말에서 Q와 ~P의 순서가 바뀌었다.

하지만 저 말은, 사실상 다음과 전혀 다를 바가 없다.

악당: 그냥 비밀번호를 말하지 말든지 네 딸을 살리든지, 둘 중의 하나를 하란 말이야! (~P∨Q)

악당이 왜 저렇게 말하겠는가? 평범한 사람이라도 이런 사고방식을 당연히 따르기 때문이다.

그것이 "무슨 뜻이야?"에 대한 대답이다.

즉 둘은 같은 뜻이다. (P → Q = ~P∨Q)

잘 이해하면, 그만큼 수학의 모든 내용은 평범하고 당연하다.

잠깐! 집합, 명제, 함수와 같은 기초 개념은 '무색'의 표현으로 암묵적 가정을 차단하기 위해 연구된 내용이다. 그것을 우리가 감정적인 표현을 동원해서 이해해도 될까? 된다.

기계로 인공 심장을 만들었다고 하자.

인공 심장은 인간의 심장을 대신하기 위해 만든다. 하지만 이것의 작동을 이해할 때는 인간의 심장처럼 비유해서 생각해야 할 것이다.

이 생각에 오류가 없다.

이해할 때는 인간의 심장처럼, 하지만 실제 작동은 기계적으로.

수학의 기초 개념들도 이와 같다.

기초 개념들은 암묵적 가정을 차단하면서 원래의 사고를 잘하기 위한 것(기계적 작동)이다. 이 개념의 작동을 우리의 자연스러운 사고(인간의 심장)로 이해해야 한다. 이 생각에도 오류가 없다.

이해할 때는 우리의 감정 섞인 사고처럼 하지만, 실제 개념의 역할은 감정적인 암묵적 가정을 차단하면서 계산하는 것이다.

: 함수와 그래프 및 도형 :

함수는 대응관계다.

그러므로 함수를 정의하려면 대응관계를 하나씩 정확하게 지정해야 한다.

예를 들어 기계(컴퓨터)에게 어떤 함수를 알려준다고 하자. 그때 필요한 것은 함수를 구성하는 모든 대응관계를 일일이 지정하는 것이다.

이건 알겠다. 그럼 문제는?

함수가 무한히 많은 값에 대해서 정의되는 경우다. 예를 들어 1부터 7까지의 모든 실수를 정의역으로 하는 함수가 있다고 하자.

1부터 7 사이의 실수는 무한히 많다. 이 함수의 대응관계를 일일이 어떻게 표시할 것인가?

이때 그래프가 필요하다.

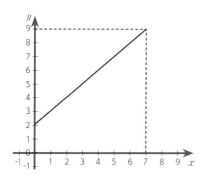

3. 집합, 명제, 함수

만약 어떤 함수가 1부터 7 사이의 모든 실수에 대해 그보다 2만큼 큰 수를 대응시킨다면 위와 같은 그래프 하나로 그 함수를 정의할 수 있다.

무한히 많은 대응관계를 매우 단순하면서도 정확하게 정의했다.

그런데,

함수의 그래프를 생각하다 보면 가끔 헷갈리는 부분이 있다.

함수의 그래프와 도형은 같은가? 얼핏 보면 같아 보인다.

사실상 기본적으로 다를 것도 없다. 중요한 차이만 이해하면 된다.

함수는 정의역인 x에 대응되는 y 값이 하나만 있어야 한다는 것이다. 한편 도형은 그렇지 않아도 된다.

따라서 다음의 그래프는 함수가 아니라 도형이다.

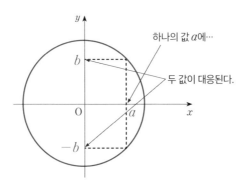

x축의 값 a 하나에 b와 $-b$라는 2개의 y축의 값이 대응되기 때문이다.

x의 값에 y의 값이 두 개 대응되어 잘못이라는 말이 아니라, 다만 함수의 정의에 맞지 않다는 것이다.

이것은 함수가 아니라 도형이고, 이 도형을 그래프로 나타내는 식이 원의 방정식 $x^2+y^2=r^2$일 뿐이다.

다음과 같은 경우여야 함수이다.

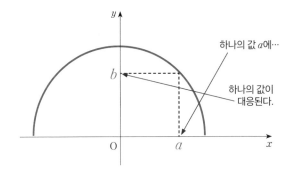

어떤 식이 함수인 경우에는 계산규칙으로 쓸 수 있고,

함수가 아니고 도형의 그래프일 경우에는 계산규칙으로는 쓸 수 없다.

수학에서는 근본적으로 계산규칙을 따지니까.

4

복소평면과
극형식

: 복소평면 :

복소평면? 말이 어렵다. 새로운 말이기 때문이다.

하지만 뜯어보면 간단하다. '복소수를 나타내는 평면'이라는 뜻이다.

내용은 이렇다.

복소평면 ———————————————————

복소수를 2차원 평면에 표시하는 것.

복소수 z는 $a+bi$로 구성된다. 이때 a를 x축의 값으로 생각하고 b를 y축의 값으로 생각해서 z를 (a, b)로 표시하자. 그렇게 만들어지는 평면이 복소평면이다.

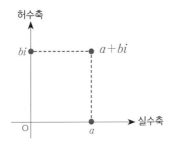

이 그림에서 보듯이, 복소평면의 x축을 '실수축' 혹은 '실축'이라 하고 y축은 '허수축'이라 한다.

4. 복소평면과 극형식

너무 간단하지 않아서 오히려 이해하기 쉽다. 다행이다. (집합이나 함수처럼, 너무 간단하면 오히려 이해하기 어려운 경우가 많지 않은가.)

그리고 복소평면을 배울 때쯤, 우리는 허수와 복소수를 이미 배워서 알고 있다.

궁금한 점은 이거다.

'복소평면을 왜 생각하는 걸까?'

복소수 계산은 이미 배웠다.

복소평면을 배워서 복소수 계산에 대해서 새롭게 알게 되는 것이 없다.

그저 이미 알고 있는 복소수 계산을, 그림(복소평면)에 그릴 수 있다는 것 정도.

복소평면을 생각하는 이유를 설명하면 이렇다. (시험에 나오는 질문은 아니니까 간단히 설명하자.)

수(숫자)는 값을 나타낸다. 그래서 자연수는 개수를 나타내고 실수는 길이를 나타낸다.

복소수도 수이다. 그럼, 복소수는 어떤 값을 나타내는가?

수학자들이 2차 방정식 등을 푸는 계산에서 복소수를 만났을 때, 이런 고민들을 했었다. 그러다가 수학자 가우스가 답을 제시했다. 복소평면으로.

　　복소수는 (복소)평면 위의 점이 의미하는 값을 나타낸다.

(a, b)라는 순서쌍 혹은 2차원의 값은 복합적인 크기이다.
복소수의 값에는 기본적으로 세 값이 나타난다.

　　첫째, a라는 실수부의 값

　　둘째, b라는 허수부의 값

　　셋째, 복소수의 절댓값인 $|z| = \sqrt{a^2 + b^2}$

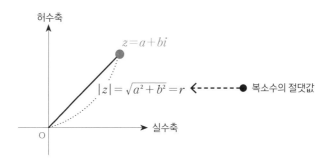

세 개의 값이 있다니, 왜 이렇게 많을까?

복소수는 복합적인 수이다. 그래서 '복소수'라고 부르는 것이
아닌가. 실수부와 허수부로 구성된 복합적인 수.

그러므로 복소수가 나타내는 값도 복합적일 수밖에.

　　　　　　　　　　4. 복소평면과 극형식

: 복소수의 극형식 :

복소평면은 제법 이해하기 쉽다.

시험에 나오는 계산은 어려울 것이다. 그래도 기본 이해는 쉽다.

하지만 복소수의 극형식에서는 갑자기 어려워진다.

핵심 내용은 다음과 같다.

복소수의 극형식 ────────────────

복소수 $z = a + bi$ 일 때,

(a) 극형식: $z = r(\cos\theta + i\sin\theta)$

$$(단, \cos\theta = \frac{a}{\sqrt{a^2 + b^2}}, \ \sin\theta = \frac{b}{\sqrt{a^2 + b^2}})$$

(b) 절댓값: $|z| = r = \sqrt{a^2 + b^2}$

(c) 편각의 크기: $\theta = \text{amp}(z)$ 또는 $\theta = \text{arg}(z)$

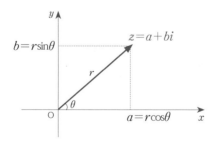

복소수의 극형식으로 무엇을 하려는 것일까?

복소수 z를 가로와 세로축의 좌표로 표시하지 않고 원점에서의 각도와 거리로 표시해보겠다는 것이다.

비유적으로 말하자면,

> 어떤 도시(복소수)의 위치를 위도와 경도로 표시하는 것이 아니라,
>
> 서울(원점)에서 어느 방향(각도)으로 얼마나 멀리(거리) 있는지 표시해보는 것과 같다.

무엇을 말하려는지는 알겠다. 그런데 왜 이렇게 어려운가?

극형식을 나타내는 수식을 보자.

$z = r(\cos\theta + i\sin\theta)$라는 수식이 무척이나 어렵게 느껴진다. 나도 처음에 그랬다.

하지만 간단한 포인트만 잘 생각하면 매우 쉽게 이해할 수 있다.

핵심은 바로 사인과 코사인의 뜻이다.

이전의 책(기초편)에서 강조했듯이, 사인, 코사인, 탄젠트의 의미를 외울 때는 코사인 하나만 기억하자. 그리고 그것이 바로 직각삼각형의 '밑변의 길이'라고 기억하자. 이렇게.

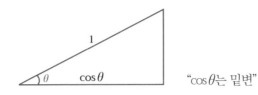

"cosθ는 밑변"

코사인의 의미를 '빗변 분의 밑변의 길이의 비율'이라고 복잡하게 외우지 마라. 그냥 '밑변의 길이'라고 생각하자.

(빗변이 1일 때의 밑변의 길이다. 간단하고 당연한 내용이니, 외울 때는 빼고 기억하자.)

자, 다시 강조하겠다.

직각삼각형의 밑변의 길이는 코사인이다.

그러면 높이는? 사인이다.

지금 뭘 말한 거지? 그림으로 나타내면 이렇다.

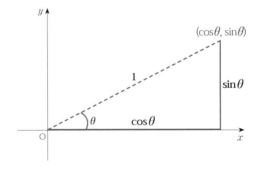

빗변의 길이가 1인 경우를 가지고 생각한다면, (a, b)는 $(\cos\theta, \sin\theta)$인 것이다.

이것은 $z=a+bi$를 $z=M+Ni$로 쓰는 것과 같다. M과 N보다 좀 더 복잡한 기호인 $\cos\theta$와 $\sin\theta$를 써도 달라질 것은 없다.

수학자 푸엥카레(J. H. Poincare)는 "수학은 서로 다른 것에 같은 이름을 붙이는 기술"이라고 말했다. 복소수의 극형식이 정확히 이 기술을 보여준다.

여기에서, 빗변의 길이가 1이 아니라 다른 값(r)인 경우를 생각해보자.

빗변의 길이가 1일 때 밑변의 길이가 $\cos\theta$라면,

빗변이 2일 때 밑변은 $2\cos\theta$가 될 것이고,

빗변이 r일 때 밑변은 $r\cos\theta$가 될 것이다.

그래서 다음과 같이 된다.

$$z = (a, b)$$
$$= (r\cos\theta, r\sin\theta)$$

$$z = a+bi$$
$$= r\cos\theta + r\sin\theta i$$

여기서 r을 묶어낸다.

$$z = r(\cos\theta + \sin\theta i)$$

그리고 뒤에 곱해진 허수 기호 i를 앞에 곱한다. 내용은 같고 표현만 바꾼 것이다.

왜 바꿔야 하나?

$\sin\theta i$에서는 $\sin(\theta i)$인지 $\sin(\theta) \cdot i$인지 헷갈린다. $\sin(\theta) \cdot i$라는 것을 괄호 없이 간단히 표시하기 위해서 i를 앞에 곱하는 것이다.

결국 이렇게 된다.

$$z = r(\cos\theta + i\sin\theta)$$

: 극형식에 관한 사소한 불평 :

앞에서 본 극형식에 대한 설명 중 몇 가지 사소한 것들을 짚어
보자.

먼저 (a)의 뒷부분!

복소수의 극형식 ─────────────────────────

복소수 $z = a + bi$일 때,

(a) 극형식: $z = r(\cos\theta + i\sin\theta)$

$$(\text{단}, \cos\theta = \frac{a}{\sqrt{a^2 + b^2}}, \quad \sin\theta = \frac{b}{\sqrt{a^2 + b^2}})$$

이것은 정말 '꼭 이렇게 말해야 할까?'라는 의문이 좀 드는 표현
이다.

그냥 피타고라스 정리와 삼각비의 의미를 합쳐서 써놓은 것이다.

뭔가 대단히 복잡한데, 뜯어서 이해하면 별 내용이 없다. 그 말
이 그 말이다.

수학자들이 자기 멋으로 써놓은 것일까?

수학을 암기 중심으로 공부하는 몇 사람에게는 필요할지 모르
겠다. 하지만 대부분의 학생들에게는 굉장히 어렵게 보일 수 있다.

다음은 어떤가?

(b) 절댓값: $|z| = r = \sqrt{a^2 + b^2}$

(b) 절댓값의 내용은 복소평면을 배울 때 이미 읽은 내용이다. (모든 학생들은 복소평면을 먼저 배우고 극형식을 배우게 되어 있다.)

왜 또 썼을까?

익숙해지면 이미 아는 내용이고, 익숙하지 않은 학생들에게는 괜히 어렵게 보이는 내용이다.

(c) 편각의 크기에 대한 내용은 한술 더 뜬다.

(c) 편각의 크기: $\theta = \mathrm{amp}(z)$ 또는 $\theta = \mathrm{arg}(z)$

나는 이걸 처음 보고 이렇게 생각했다.

'이 공식이 어떻게 나오는 거지?'

알고 보면 이것은 공식도 아니다. 그저 표현법일 뿐이다.

z라는 복소수를 복소평면에 그렸을 때, x축과 이루는 각 θ가 있을 것이다. 이 θ를 '편각'이라 부르자.

이게 공식인가? 아니다. 그냥 그렇게 말하자고 약속한 것이다.

z라는 복소수를 복소평면에 그렸을 때, x축과 이루는 각을⋯

이 긴 말을 'amp(z)'이나 'arg(z)'이라 짧게 쓰겠다는 것이다. 그뿐이다.

좀 속은 느낌이 드는가? 그렇다면 정확히 이해한 것이다.

이런 내용이 나오지 않는 교과서도 있을 것이다.

하지만 여기에 익숙해질 필요는 있다. 수학을 공부하면 할수록 이와 같은 내용(표현 정의)이 많이 나오기 때문이다.

잘 뜯어서 이해해서, 공식이 아니라 정의(표현 약속)라는 것을 꿰뚫어봐야 한다.

그것이 수학의 진짜 이해이다.

5

벡터와
행렬

: 벡터와 행렬이란? :

벡터와 행렬은 때때로 고등학교 수학 교과과정에 포함되기도 하고 빠지기도 한다.

왜 그럴까?

먼저, 포함되는 이유는?

학생들이 꼭 알아야 하기 때문이다. 그만큼 현대 수학에서 중요하다.

그럼, 때때로 빠지는 이유는?

공부할 것이 늘어나 학생들이 힘들어하기 때문이다.

어쨌든 수학의 관점에서는 벡터와 행렬이 중요함을 알 수 있다.

그 내용을 보자.

벡터란 무엇인가? 순서쌍이다.

우리는 (x, y)라는 순서쌍에 익숙하다. 벡터란 그것을 부르는 다른 이름일 뿐이다.

(x, y)가 2차원 공간(평면)에서의 순서쌍이라는 것도 쉽게 이해한다. 그렇다면 3차원 공간에서는 (x, y, z)이고 4차원 공간에서는 (x, y, z, u)가 될 것이다. 어려울 것이 없다.

이렇게 n차원 공간의 순서쌍을 모두 '벡터'라 부른다.

그러고서는 주로 세로로 순서쌍을 나열한다. 이렇게.

$$\vec{A} = \begin{bmatrix} x \\ y \\ z \end{bmatrix}$$

여기서 $\vec{A}$는 벡터를 나타내는 기호이다. 기호 위에 화살표를 얹는다.

순서쌍은 이해하기 쉽다. 하지만 그것을 세로로 쓰면서 '벡터'라 부르는 순간 어렵게 다가온다.

이런 착각에 속을 필요가 없다. 본질을 파악하고 쉽게 이해하자.

행렬은 여기서 한 발짝 더 나간다.

이번에도 착각이 더해져서 어렵게 보인다. 하지만 똑같은 까닭으로 역시 어려울 것이 없다.

$$\begin{pmatrix} a & b & c \\ d & e & f \\ g & h & i \end{pmatrix}$$

무엇이 있는가? 숫자들이 나열된 것이 있다. 그것도 가로 세로 양방향으로!

'그냥 숫자들만 이렇게 늘어놓다니! 이게 뭐람?'

복잡한 계산식이 있어서 어려운 것이 아니다. 너무 단순해서 어렵다.

뭔가 이해할 것조차 없는 것이다. 이것을 어떻게 이해해야 할까?

필요한 것은 논리적 설명이 아니다. 약간의 감정적인 설득이다.

왜? 우리는 이것을 충분히 이해할 만큼의 수학적 사고력을 이미 가지고 있기 때문이다.

5. 벡터와 행렬

: 수와 순서쌍을 받아들이듯이 그렇게! :

숫자들을 가로 세로로 늘어놓기만 한 것, 행렬.

너무 추상적이다. 낯설고 어렵게 느껴진다.

하지만 거꾸로 생각해보자. 쉽게 이해하고 받아들이기 위해서.

숫자를 2개 늘어놓은 것은 어떤가? (x, y) 말이다. 순서쌍이다.

여기에 대해서도 우리는 똑같이 어렵게 생각할 수 있다.

'아니, 숫자를 2개 늘어놓다니, 이게 뭐람?'

하지만 우리는 이렇게 생각하지 않는다. 그렇다면 행렬에 대해서도 똑같이 생각하면 된다.

'순서쌍과 달리 이번에는 숫자를 가로 세로로(두 방향으로) 늘어놓았을 뿐이군!'

이보다 더 적극적으로 생각할 수도 있다.

'숫자를 1개 방향으로 늘어놓은 것? 순서쌍 (x, y)

숫자를 2개 방향으로 늘어놓은 것? 행렬

그렇다면…

숫자를 3개 방향으로 늘어놓은 것도 생각할 수 있겠군.'

(그렇다! 그것이 텐서(tensor)이다. 대학에 가야 배운다.)

이 모든 것에 어려울 게 없다.

사실 진짜 어려운 것은 다른 곳에 있다. 우리가 이미 쉽게 이해하는 수(number) 자체가 지극히 어려운 개념이다.

자동차 2대와 이틀이 모두 '2'라는 점에서 같다. 하지만 이것을 이해하는 것은 굉장히 어려운 일이다. 만약 누군가가 이렇게 반문한다면 어떻게 대답하겠는가?

"자동차 2대와 이만큼의 시간(2일)이 도대체 어떤 점에서 같다는 거야?"

막막하다. 그만큼 어려운 추상적인 사고능력이다.

수학자이자 철학자인 버트런드 러셀은, 인류가 추상적인 수의 개념을 이해하는 데에 수천 년의 시간이 걸렸다고 말했다.

다행히도! 우리는 모두 그것을 이미 이해하고 있다.

그다음에 어려운 것이, 이미 말한 순서쌍이다. (x, y)

이것 역시 파악하고 있다. 그렇다면 이미 갖고 있는 이 고급의 사고능력을 활용하자.

추상적인 수의 개념을 이해하고,

이것을 나열하는 순서쌍을 이해했다면,

벡터와 행렬은 훨씬 쉽다.

모두 그것을 반복해서 복잡하게 보이는 것일 뿐이기 때문이다.

: 벡터와 행렬의 구체적인 의미 :

추상적인 것은 추상적으로 이해할 수 있어야 한다. 3을 '세 개라는 것' 자체로 이해하듯이. 이것이 수학 공부에서의 궁극적인 목표이다.

하지만 그래도 처음에는 구체적인 의미를 생각해야 쉽다.

벡터부터 보자.

벡터는 '힘'을 나타내는 데에 흔히 쓰인다. 그래서 물리학과 공학에서 벡터를 굉장히 많이 사용한다. 사물에 작용하는 힘을 표현해야 하기 때문이다.

벡터가 표현하려는 '힘'의 요소는 두 가지다. 크기와 방향.

크기와 방향을 나타내는 한 방식은 원점을 기준으로 그 힘의 끝점을 표시하는 것이다. 항상 원점이 기준이다. 그래서 벡터의 끝점만 표시하면 모든 것을 표시할 수 있다.

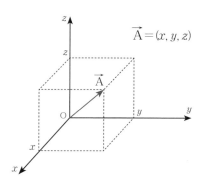

물론 2차원 벡터는 더 간단하다.

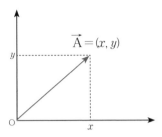

행렬의 의미는 컴퓨터의 표계산 프로그램을 생각하면 된다. 엑셀이 한 예이다.

	A	B	C	D	E	F	G	H	I
1					**2022년 매출**				
2									(단위: 천원)
3					상반기				합계
4			1월	2월	3월	4월	5월	6월	
5		영업 1팀	223,000	278,000	300,000	184,000	191,000	521,000	
6		영업 2팀	256,000	189,000	662,000	351,000	221,000	381,000	
7		영업 3팀	189,000	123,000	125,000	229,000	219,000	325,000	
8		영업 4팀	625,000	110,000	399,000	316,000	111,000	330,000	
9		영업 5팀	248,000	160,000	560,000	805,000	204,000	328,000	
10		영업 6팀	170,000	210,000	200,000	314,000	203,000	227,000	
11		영업 7팀	145,000	236,000	178,000	140,000	265,000	423,000	
12		영업 8팀	187,000	145,000	378,000	212,000	125,000	236,000	
13		영업 9팀	467,000	190,000	339,000	186,000	420,000	720,000	
14		영업 10팀	325,000	469,000	203,000	524,000	228,000	362,000	
15		합 계							
16									

표계산 프로그램에서는 기본적으로 가로 세로의 빈칸에 숫자들이 들어간다. 그리고 우리는 이것을 쉽게 받아들인다. 행렬도 이와 같이 생각하면 된다.

행렬을 처음 볼 때 우리는 적잖이 당황한다.

$$\begin{pmatrix} a & b & c \\ d & e & f \\ g & h & i \end{pmatrix}$$

'여기서 a가 있는 세로줄은 뭐고, b가 있는 세로줄은 뭐지?'

'가운데 있는 e는 무엇을 나타내고, 그 옆의 f는 무엇을 나타내는 거야? 아무런 표시가 없잖아!'

표계산 프로그램으로 생각해보자.

계산하기 전에 화면의 가로 세로 빈칸에 숫자들을 넣어야 한다.

그 숫자들이 무엇을 의미하는지 아무런 표시가 없는데도 넣는다. 동시에 아무것도 어렵게 생각하지 않는다. 왜?

첫째, 그 숫자가 무엇을 의미하는지 마음속에 이미 생각하고 있기 때문이다.

둘째, 혹은 일단 숫자를 넣고 그 숫자의 뜻을 계산하면서 정할 수 있다.

행렬도 똑같다.

첫째, 행렬 속에 있는 기호나 숫자가 무엇을 의미하는지는 언제든 정하면 된다. 표계산 프로그램처럼 일단 숫자가 잘 나열되어 있기만 하면 된다.

둘째, 행렬에 대한 계산식으로 그 숫자의 뜻이 정해진다.

이런 방식으로 벡터와 행렬을 이해할 수 있다.

하지만 기억하자. 이것이 전부는 아니다.

숫자 2가 사과 2개만을 의미하는 것이 아니듯이,

벡터와 행렬도, 힘과 열거된 데이터만을 의미하는 것이 아니다.

많은 다른 것을 의미할 수 있다.

예를 들어 어떤 것일까?

: 1차 연립방정식과 벡터 및 행렬 :

이제 우리는 벡터와 행렬을 1차 연립방정식에 적용할 것이다.

굉장히 다르게 보일 수 있다.

하지만 이것은 사과 2개에서 찾은 2의 의미를 '이틀'이라는 날짜에 적용하는 것과 같다. 전혀 달라 보이지만 우리는 이것이 같다는 것을 이미 이해하고 있다.

다음과 같은 연립 1차 방정식을 생각해보자.

$$x+y-z=0$$
$$2x-y+3z=9$$
$$x+2y-z=2$$

이 연립방정식을 풀 때 우리는 숫자에만 초점을 맞춘다. 그 숫자들만 빼내면 행렬이 된다.

$$\begin{pmatrix} 1 & 1 & -1 \\ 2 & -1 & 3 \\ 1 & 2 & -1 \end{pmatrix} \begin{pmatrix} x \\ y \\ z \end{pmatrix} = \begin{pmatrix} 0 \\ 9 \\ 2 \end{pmatrix}$$

모양은 달라졌다. 하지만 같은 생각을 표현한다.

여기서 행렬과 벡터의 곱하기 규칙을 찾아낼 수 있다.

행렬과 벡터를 곱할 때 앞에 가로로 열거된 숫자들을, 뒤에 세로로 열거된 숫자들에 각각 곱해서 더한다.

5. 벡터와 행렬

말이 어렵다고? 다시 1차 연립방정식을 보자.

$x+y-z=0$은 이렇게 나온 것이다.

$$\begin{pmatrix} 1 & 1 & -1 \\ 2 & -1 & 3 \\ 1 & 2 & -1 \end{pmatrix} \begin{pmatrix} x \\ y \\ z \end{pmatrix} = \begin{pmatrix} 0 \\ 9 \\ 2 \end{pmatrix}$$

이제 행렬은 벡터들이 여러 개 나열된 것이라고 생각할 수 있다. 그래서 행렬의 곱은 다음과 같이 결정된다.

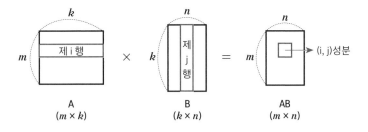

1차 연립방정식으로 생각하니, 행렬과 벡터가 어떻게 곱해지는지 알겠다.

하지만 힘을 나타내는 벡터에도 이렇게 곱하면 될까? 그렇다.

이것은 마치 사과 2개에 3을 곱하면 6개가 된다는 것($2 \times 3=6$)을, 이틀 곱하기 3에 적용하는 것과 같다.

이틀 곱하기 3은 엿새일까? 그렇게 생각할 수밖에 없다. 달리 어떻게 생각하겠는가?

수학적 사고란 이와 같이 이루어진다.

벡터와 행렬의 더하기에 대해서는 교과서에 있는 내용을 쉽게 이해할 것이다.

6

지수와
로그

: 계산법 바꾸기: 로그의 활용 :

다음과 같은 계산을 한다고 해보자.

$$8{,}192 \times 65{,}536 = ?$$

이 까다로운 숫자 계산에는 한 가지 비밀이 숨어 있다.

$$8{,}192 = 2^{13} \text{이고 } 65{,}536 = 2^{16} \text{이다.}$$

그렇다면 $8{,}192 \times 65{,}536 = 2^{13} \times 2^{16}$이 된다. 답은 $2^{13+16} = 2^{29}$.

계산법 바꾸기! 복잡하고 까다로운 곱하기 계산이 간단한 더하기 계산으로 바뀌었다.

이것을 보고 크게 감탄할 독자는 별로 없을 것이다. 왜?

이런 경우가 특별하고 드물기 때문이다.

어떤 수를 다른 수의 거듭제곱으로 나타낼 수 있는 경우가 아니라면? 이런 계산법은 쓸 수가 없다.

나는 그렇게 생각했었다. 나처럼 똑같이 생각하는 사람이 많을 것이다.

하지만 이제 감탄할 차례다!

수학자들이 이런 계산법 바꾸기를 모든 경우에 쓸 수 있도록 연구를 했다. 조금 복잡해 보일지 모르지만 알고 보면 재미있다. 한 번 살펴보자.

: 계산법 바꾸기의 출발점 :

복잡한 곱하기를 간단한 더하기로 계산법을 바꾼다.

이런 계산법 바꾸기를 언제든 할 수 있다. 이것을 이해하려면 약간의 준비가 필요하다.

간단한 예시를 들어 생각해보자.

$$16 \times 125 = ?$$

한눈에도 $16 = 2^4$이고 $125 = 5^3$이란 걸 알 수 있다.

하지만 계산법 바꾸기를 할 수가 없다. 왜냐하면 밑수가 각각 2와 5로 서로 다르기 때문이다.

어느 한쪽의 밑수를 바꿀 수 있을까? 예를 들어 $16 = 5^a$으로 바꿀 수 있을까?

있다.

지수와 로그에 익숙하지 않으면 이 점을 잘 모른다.

$5^1 = 5$이고 $5^2 = 25$이다. 그 사이에는 아무것도 없다. 그러니까,

'$5^a = 16$이라고? 그런 것이 어디 있겠어?'

나도 학생 때 그렇게 생각했었다.

하지만 그런 a가 있다.

a는 1과 2 사이에 있는 어떤 수. 아마도 무리수일 것이다.

이렇게 있을 것 같은 수를 '확실히 있다'고 정의한다. 이것이 고등 수학이다.

그것을 토대 삼아 그 위에서 복잡한 계산을 쉽게 해나간다. 이것이 수학의 체계이다.

왜 $5^a = 16$인 a가 있을 것 같은가?

1과 2 사이의 분수 지수, 예를 들어 $\dfrac{3}{2} = 1.5$를 생각해보자. 이 값은 다음과 같다.

$$5^1 = 5$$
$$5^{1.5} = 11.1803\cdots \quad (\leftarrow 5^{\frac{3}{2}} = \sqrt{5^3} = \sqrt{125})$$
$$5^2 = 25$$

그렇다면 5의 지수의 크기를 조금씩 조정해나가면 16이 되도록 만들 수 있겠다. (상세한 설명은 '기초편'의 내용을 참고하기 바란다.)

본격적인 수학적 사고는 이제부터다.

$5^a = 16$인 그런 a가 있다. 이로부터 다음 세 가지를 알 수 있다.

첫째, a를 $\log_5 16$으로 표시한다. 이것이 로그의 개념이다.

신기하게 느끼는 독자들이 있을 것이다.

'여기서 왜 갑자기 로그가 나와?'

하지만 잘 생각해보자. 이것이 원래 정확한 로그의 정의이다. 내가 좀 다르게 설명했을 뿐이다. 그래야 로그의 개념을 피부로 느낄 수 있을 테니까.

둘째, $5^a = 16$인 a가 있다고? 그렇다면 $2^b = 125$인 b라는 지수도 있겠다.

즉 $\log_2 125$라는 수도 있다. 같은 방식으로 생각하면 되니까.

셋째, (1이나 0 같은 수만 제외하면) 모든 수에 대해서 그 수를 다른 수로 만드는 지수가 있다.

이 셋째 내용이 가장 중요하다. 그러므로 구체적으로 따지며 생각해보자.

3을 제곱해나가면 다음과 같다.

$$3^1 = 3$$
$$3^2 = 9$$
$$3^3 = 27$$

$$\cdots$$

여기서 $3^x = 12$인 x도 있고, $3^y = 13$인 y도 있다.

더 나아가 $3^z = 13.231$이 되는 z도 있고, (3의 위치를 바꿔서) $2.394^u = 3$이 되는 u도 있다.

지금 우리는 3^x에서 x라는 지수에 초점을 맞추고 있다.

그러니 여기에 편리한 기호법을 써서 다시 말해보자. 로그를 쓰는 것이다.

$3^x = 12$인 x도 있고, $3^y = 13$인 y가 있다.

　　$\Rightarrow$　$\log_3 12$도 있고, $\log_3 13$도 있다. (각각 x와 y이다.)

$3^z = 13.231$이 되는 z도 있고, $2.394^u = 3$이 되는 u도 있다.

　　$\Rightarrow$　$z = \log_3 13.231$도 있고, $u = \log_{2.394} 3$도 있다.

이제 준비는 끝났다.

처음 하려던 얘기로 돌아가자. 계산법 바꾸기를 볼 차례다.

: 모든 수를 이렇게 계산할 수 있다 :

역시 간단한 숫자 계산으로 생각하자.

복잡한 수를 예로 들 수도 있지만, 사고방식은 어차피 똑같다.

$$23 \times 163 = ?$$

숫자 3을 밑수로 택하자. 작은 수이고 쉬워 보인다.

(물론 5도 좋고, 30도 괜찮고 674도 좋다.)

$$3^x (=23) \times 3^y (=163) = 3^{x+y}$$

이 단계에서 '결국 x와 y의 값은 무엇일까?'라는 생각에 매몰되기 쉽다. 하지만 나중에 생각하자. (혹시 아는가? 다항식에서 보았던 것처럼, 나중에 x와 y를 숫자로 바꾸는 편이 훨씬 쉬운 방법일지 모른다.)

여기서 마지막 단계(3^{x+y})에서 뭔가를 더 해야 한다. 그러기 위해서는 x와 y의 의미를 표시하는 것이 필요하다. 로그를 쓰는 것이다. 이렇게.

$$3^{\log_3 23 + \log_3 163}$$

정리하면 다음과 같다.

$$23 \times 163 = 3^{\log_3 23 + \log_3 163}$$

이 결과가 만족스럽지 않아 보일 것이다. 지수의 합인 '$\log_3 23 +$ $\log_3 163$'을 계산하는 문제가 남아 있기 때문이다.

하지만 원래의 목적을 생각해보면 의미가 있다. 원래 목적은 이거였다.

[계산법 바꾸기] $8{,}192 \times 65{,}536 = 2^{13} \times 2^{16} = 2^{13+16} = 2^{29}$

수의 곱하기를 모두 더하기로 계산하는 방법을 찾는 것. (더하기가 곱하기보다 쉽고 간단하니까.) 이때도 2^{29}을 계산하지 않았다.

그리고 무리수 지수를 이용해서 그걸 찾았다. 지수 자리에 들어가는 무리수를 표현하는 방법이 로그이다.

필요하다면, 로그를 무리수로 바꾸고, 그 수를 더하는 것은 전자계산기에 맡길 수 있다.

이렇게 어떤 곱셈이든지 공통된 수(밑수)의 지수의 덧셈으로 바꿀 수 있다.

물론, 나눗셈이라면 한 가지 수의 지수의 뺄셈으로 바꿀 수 있는 것이다.

어떤 수든지!

남는 것은 지수 수준에서의 다항식의 계산뿐이다.

: 한 걸음 더 나아가기 :

여기서 한 걸음 더 나아가면, 계산법 바꾸기를 조금 다르게 쓸 수 있다.

사실 같은 계산법을 그대로 쓰는 건데, 매우 다르게 보일 뿐이다.

그것은 밑수를 항상 일정하게 하고 지수에만 초점을 맞추는 것이다.

괜히 예를 바꾸면 불필요하게 어려우니, 위와 똑같은 계산을 생각하자.

$$23 \times 163 = ?$$

여기서 밑수를 2나 3, 혹은 5로 바꾸지 않고 항상 일정한 수를 택한다.

이왕이면 여러모로 가장 편한 숫자가 좋을 것이다.

구체적으로 어떤 수?

다양한 계산을 많이 응용하는 물리학자와 공학자들이 선택한 '그 수'가 e라는 무리수이다.

그래서 다음과 같이 계산한다.

$$23 \times 163 = x$$

그렇다면,

$$\log_e 23 + \log_e 163 = \log_e x$$

이것은 실질적으로 다음과 같은 뜻이다.

$$e^{\log_e 23 + \log_e 163} = e^{\log_e x}$$
$$(\Leftrightarrow \quad e^{\log_e 23} \times e^{\log_e 163} = e^{\log_e x})$$

밑줄 친 부분에서 지수만 떼어내서 생각했다. 밑이 같은 수(무리수 e)니까, 지수들 역시 서로 같아야 한다.

잘 이해하면 당연하고 뻔하다. 등호로 연결되어 서로 같은 것(숫자)의 같은 부분(지수)을 떼어냈으니 같을 수밖에.

하지만 모르고 보면 신기하다. 복잡하고 어렵기도 하다.

같은 것을 다른 방식으로 생각할 수도 있다. 같은 것에 그냥 똑같이 로그를 붙였다고.

$$23 \times 163 = x$$

그렇다면,

$$\log_e (23 \times 163) = \log_e x$$

여기에 로그 공식을 사용한다. ($\log_a MN = \log_a M + \log_a N$)
그러면,

117   6. 지수와 로그

$$\log_e 23 + \log_e 163 = \log_e x$$

어떤 식으로 생각하든 똑같다.

같은 곳에 도달하는 두 가지 생각의 길이다.

이렇게 해서,

로그를 사용한 계산법 바꾸기를 모든 숫자 계산에 쓸 수 있게
되었다.

: 로그를 미분에도 쓴다고? :
(미적분을 모르면 건너뛰자)

이것을 미분에다 쓰기도 한다. 바로 로그 미분법이다.

다음과 같은 함수를 미분한다고 해보자.

$$y = \frac{(x+2)^3 (x+3)^4}{(x+1)^2}$$

어렵다. 어떤 점이 어려운가?

미분이 쉬우려면 x의 함수들이 더하기로 결합되어야 한다.

예를 들어 다음 함수들을 미분한다고 해보자.

$$(1)\ y = \sin x + \cos x$$
$$(2)\ y = \sin x \cdot \cos x$$

(1)이 쉽고, (2)는 어렵다.

(1)은 $\sin x$와 $\cos x$라는 두 함수가 더해져 있다. 각자 미분해서 그대로 더하면 된다.

($\sin x$를 미분하면 $\cos x$가 되고, $\cos x$를 미분하면 $-\sin x$가 된다. 처음 본다면 어렵게 보일 것이다. 하지만 이것은 공식으로 암기해야 하는 내용이다. 외우고 친숙해지면 쉽게 느낄 수 있다.)

6. 지수와 로그

(2)는 두 함수가 곱해져 있다. 이 경우가 항상 어렵다.

$$y = \frac{(x + 2)^3 (x + 3)^4}{(x + 1)^2}$$ 이라는 함수도 마찬가지다.

$(x+2)^3$도 미분이 어렵지 않고 $(x+3)^4$도 미분이 어렵지 않다. 하지만 이것이 곱해져 있어서 매우 까다롭다. 그뿐인가? $(x+1)^2$ 으로 나누어져 있기까지 하다.

이것을 어떻게 미분해야 할까?

이때, 양쪽을 로그로 만드는 방법을 쓴다. 이 책에서 '계산법 바꾸기'라고 불렀던 것이다.

목표는 함수들을 더하기나 빼기로 연결하는 것이다.

시작해보자.

$$y = \frac{(x + 2)^3 (x + 3)^4}{(x + 1)^2}$$

에서, 양변을 모두 e의 지수로 올린다. 그러면,

$$e^{\log_e |y|} = e^{\log_e \frac{|x+2|^3 |x+3|^4}{|x+1|^2}}$$

그다음, 여기서 지수만 떼어서 생각한다.

$$\log_e |y| = \log_e \frac{|x + 2|^3 |x + 3|^4}{|x + 1|^2}$$

이제는 로그의 공식들을 사용할 수 있게 되었다. 먼저 $\log_a MN$ $= \log_a M + \log_a N$ 과 $\log_a \dfrac{M}{N} = \log_a M - \log_a N$ 을 사용한다. ($a = e$ 인 경우, 밑수 e는 주로 생략한다.)

$$\log|y| = \log|x+2|^3 + \log|x+3|^4 - \log|x+1|^2$$

그다음에는 진수의 지수가 앞으로 내려와 곱하기로 변하는 공식, $\log_a M^k = k\log_a M$ 을 사용한다. $\log_{a^m} b^n = \dfrac{n}{m} \log_a b$ 에서 분자만 생각한 공식이다.

$$\log|y| = 3\log|x+2| + 4\log|x+3| - 2\log|x+1|$$

이렇게, 세 함수가 더하기와 빼기로 연결되었다.

대신에 좌변이 로그함수로 바뀌었지만, 이 정도 대가는 치를 만하다. 왜냐하면 그건 그것대로 미분하면 되니까.

로그의 계산법을 이렇게 미분에 이용할 줄이야!

6. 지수와 로그

: 남은 풀이법 (이해가 아닌 계산법) :

이왕 설명을 시작했으니 마무리를 하자.

계산을 끝까지 해보는 것이다. 언제든 그럴 수 있어야 한다.

좌변이 y가 아니라 $\log|y|$인데 이것을 어떻게 미분할까?

양쪽을 x라는 변수에 대해서 미분한다. 그러면 이렇게 된다.

$$\frac{d\log|y|}{dx} = 3\frac{d\log|x+2|}{dx} + 4\frac{d\log|x+3|}{dx} - 2\frac{d\log|x+1|}{dx}$$

여기서 우변은 x의 함수(로그함수)들을 미분할 수 있다. 그러면 로그함수의 미분공식($\log|x|$를 미분하면 $\frac{1}{x}$)에 따라 미분될 것이다.

그럼 좌변도 똑같이 미분해야 한다. 등호가 있으니까.

그런데 $\log|y|$는 y의 함수이므로 x에 대해 미분되지 않는다. 그래서 y라는 변수에 대해서 미분한다. 이렇게.

$$\frac{d\log|y|}{dx} = \frac{d\log|y|}{dy} \cdots ?$$

그러면 서로 같지 않다. 그래서 <u>밑줄 친 부분</u>에 $\frac{dy}{dx}$를 곱해서 같게 만들어준다.

$$\frac{d\log|y|}{dx} = \frac{d\log|y|}{dy} \cdot \frac{dy}{dx}$$ (분모와 분자의 dy를 약분하면 똑같

게 된다.)

결국 다음과 같이 미분이 이루어진다.

$$\frac{d \log|y|}{dy} \cdot \frac{dy}{dx}$$

$$= 3\frac{d \log|x+2|}{dx} + 4\frac{d \log|x+3|}{dx} - 2\frac{d \log|x+1|}{dx}$$

$$\frac{1}{y} \cdot \frac{dy}{dx} = \frac{3}{x+2} + \frac{4}{x+3} - \frac{2}{x+1}$$ (← 미분공식에 따라

$\log|X|$를 미분하면 $\frac{1}{X}$이다.)

여기서 생각해보자.

처음부터 구하려는 것은 y함수의 미분값인 $\frac{dy}{dx}$이다. 그 앞에 곱해진 $\frac{1}{y}$이 걸리적거린다. 그러니 양변에 y를 곱해서 $\frac{1}{y}$을 없앤다.

$$\frac{dy}{dx} = y\left\{\frac{3}{x+2} + \frac{4}{x+3} - \frac{2}{x+1}\right\}$$

그런데,

'어, y를 미분했는데, 다시 y가 나타났네. 어떡하지?'

나는 처음 이 대목에서 매우 당혹스러웠다. 지금까지의 모든 계산이 잘못된 것처럼 보였다.

그런데 처음부터 $y = \dfrac{(x+2)^3(x+3)^4}{(x+1)^2}$이 y였다. 그래서 y 자리에 이것을 넣어준다.

$$\frac{dy}{dx} = \frac{(x+2)^3(x+3)^4}{(x+1)^2}\left\{\frac{3}{x+2} + \frac{4}{x+3} - \frac{2}{x+1}\right\}$$

이제 이것을 실수 없이 풀어서 정리하면 된다.

정리해보자.

이런 내용을 처음 배우면 다음 대목에서 어렵다.

첫째, y의 함수인 $\log|y|$를 미분하는 법.

둘째, 다 미분했을 때 여전히 남아 있는 y. 여기에 처음의 y 값을 다시 집어넣는 것.

배우고 나서 곰곰이 생각해보면 당연하다.

하지만 배우지 않고 이것을 생각하기는 어렵다.

당연한데 알기 어렵다니, 신기하다.

7

순열과
조합

: 단순한 개념 :

순열과 조합을 흔히 이렇게 설명한다.

순열($_nP_r$)은 줄 세우기

조합($_nC_r$)은 짝 지워내기

하지만 표현을 조금만 고쳐도 핵심을 이해하기가 더 쉽다. 이렇게.

순열($_nP_r$): <u>순서대로</u> 몇 개 뽑아내는 방법

조합($_nC_r$): <u>순서 없이</u> 몇 개 뽑아내는 방법

'순서'대로 뽑으면 '줄(열)'을 서게 되니 '순열'이다.

순서 없이 뽑아내면 그것들끼리 '묶인' 것이다. '조합(묶음)'된 것이다.

순열이든 조합이든, 여러 개 중에서 몇 개를 뽑아낸다. 초점은 '순서 여부'에 있다.

이렇게 생각하고 나면 순열과 조합 간의 수학적 관계가 잘 보인다.

수학적 관계? 계산 관계이다.

7. 순열과 조합

: 순열과 조합의 어려운 점 :

순열과 조합의 수학적 개념은 사실 이해하기가 비교적 쉽다.

이 영역에서 기본 개념은 쉽다.

그런데 막상 공부하면 어렵다. 구체적으로 왜 어려운가?

첫째, 문제를 개념에 적용하는 것이 어렵다.

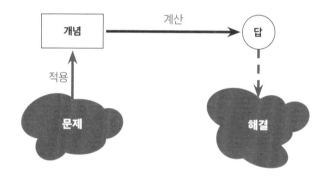

계산은 그렇게 어렵지 않다. 곱하기가 주로 나오고, 약분을 자주 하게 된다.

어려운 부분은 계산의 출발점이다. 어떤 경우에 순열을 적용하고 어떤 경우에 조합을 적용해야 하는가.

하나씩 따져야 한다. 이것이 쉽지 않다. 다른 어려움이다.

복잡한 논리가 아니라 인내심과 정밀한 기억이 필요하다. 난해하다기보다는 정확한 판단이 요구되는 것이다.

둘째, 순열과 조합의 수학적 표현이 낯설다.

순열은 $_nP_r$이라 쓰고 조합은 $_nC_r$이라 쓴다. 처음 보는 기호이다. 그래서 어렵다.

중복순열($_n\Pi_r$)과 중복조합($_nH_r$)에서도 새로운 표현들이 나온다.

왜 굳이 이런 어려운 표현을 쓸까?

거꾸로 생각해보자.

'이런 표현을 쓰지 않으면 어떻게 될까?'

$_nP_r$ 대신에 'n개에서 r개를 뽑아 만드는 순열'이라고 쓰고 $_nC_r$ 대신에 'n개 중에서 r개를 택하는 조합'이라고 써야 한다.

이제 극단적인 경우를 보자. 이항정리.

$$(a+b)^2 = a^2 + 2ab + b^2$$
$$(a+b)^3 = a^3 + 3a^2b + 3ab^2 + b^3$$

......

$$(a+b)^n = ???$$

맨 마지막 줄이 관건이다.

이것을 풀면, a^n, $a^{n-1}b$, $a^{n-2}b^2$, $\cdots$, b^n의 다항식이 될 것이다. 그리고 그 앞에 어떤 계수가 붙는다.

이 계수는 n개의 원소에서 1개, 2개, $\cdots$, n개를 조합하는 개수이다.

이것을 어떻게 표현할 것인가?

다음과 같이 표현한다면 어떨까?

$(a+b)^n = (n$개에서 0개를 택하는 조합$)a^n + (n$개에서 1개를 택하는 조합$)a^{n-1}b + (n$개에서 2개를 택하는 조합$)a^{n-2}b^2 + \cdots + (n$개에서 n개를 택하는 조합$)b^n$

너무 말이 길다. 오히려 무슨 뜻인지 알기 어렵다.

아무리 낯선 기호가 어렵다지만, 다음의 식이 훨씬 더 낫다.

$$(a+b)^n = {}_nC_0 a^n + {}_nC_1 a^{n-1}b + {}_nC_2 a^{n-2}b^2 + \cdots + {}_nC_n b^n$$

일단 식이 한눈에 들어온다.

선택의 여지가 없다.

새로운 기호들이 낯설긴 하지만 그것에 익숙해지는 편이 훨씬 낫다.

: 팩토리얼(!)이 나타나는 이유 :

팩토리얼(!)은 순열과 조합을 표시하기 위한 기본 계산 단위이다.

'왜 군이 팩토리얼을 써야 하나? 그냥 n부터 r까지 모두 곱했다고 하면 안 될까?'

그래도 된다. 하지만 생각해보자.

예를 들어, 8부터 4까지 모두 곱했다. 우리는 이것을 어떻게 생각하는가? 이렇게 생각한다.

그런데 실제로는 이렇게 생각하는 것이 아닐까?

팩토리얼은 이런 사고방식에 따라서 나타난다. 이렇게.

7. 순열과 조합

$$8 \times 7 \times 6 \times 5 \times 4$$

$$= \frac{8 \times 7 \times 6 \times 5 \times 4 \times 3 \times 2 \times 1}{3 \times 2 \times 1} = \frac{8!}{3!}$$

복잡한 것을 더 간단한 생각들을 결합해서 계산하겠다는 거다. 다음에서 (a)가 복잡한 생각이고 (b)가 더 간단한 생각이다.

    (a) n에서 r까지 다 곱한 것

    (b) n에서 (항상) 1까지 다 곱한 것

이것은 복잡한 집을 짓기 위해서, 간단한 모양의 벽돌을 만드는 것과 같다. 각각의 벽과 기둥을 만드는 것보다 간단한 벽돌을 이어 붙여 여러 모양을 만드는 것이 쉽다.

순열과 조합이라는 집 역시 팩토리얼이라는 벽돌로 만들려고 한다.

수학자들만의 사고방식일까?

벽돌로 집을 짓는 건축가들의 사고방식이기도 하다. 그리고 모든 사람들의 사고방식이다.

: 순열과 조합의 공식 :

팩토리얼을 써서 순열과 조합의 개념을 공식으로 만든다.

[순열] n개에서 r개를 뽑아 만드는 순열:

$$n(n-1)(n-2)\times \cdots \times(n-r+1)$$

$$_n\mathrm{P}_r = \frac{n!}{(n-r)!}$$

[조합] n개 중에서 r개를 택하는 조합:

$$_n\mathrm{C}_r = \frac{_n\mathrm{P}_r}{r!}$$

그래서 다음의 식이 성립한다.

여기에 중복순열과 중복조합의 공식까지 더하면 다음과 같다.

[중복순열] n개에서 중복을 허락해서 r개를 뽑아 만드는 순열

$$_n\Pi_r = n^r$$

[중복조합] n개에서 중복을 허락해서 r개를 택하는 조합

$$_n\mathrm{H}_r = {}_{n+r-1}\mathrm{C}_r$$

이렇게 공식을 만드는 이유는 뭘까?

각 개념들 간에 어떤 계산 관계가 있는지를 보여주려는 것이다.

예를 들면 순열과 조합 사이에는 다음과 같은 계산 관계가 있다.

$$_n\mathrm{C}_r \times r! = {_n}\mathrm{P}_r$$

이렇게 순열과 조합의 (계산) 관계가 드러났다.

그리고 조합과 중복조합의 관계가 이미 성립되어 있다.

$(_n\mathrm{H}_r = {_{n+r-1}}\mathrm{C}_r)$

그렇다면 순열과 중복조합과의 계산 관계도 찾을 수 있다.

모두 팩토리얼로 구성되어 있다.

중복순열은 팩토리얼로 정의되지 않았다. 그래서 중복순열과 순열의 계산 관계가 순열과 조합의 계산 관계만큼 단순하지 않다는 것도 드러난다.

이런 것을 밝히는 것이 수학이 하는 일이다.

개념들 간의 계산 관계를 밝히는 것.

다항식에서부터 그랬지 않은가.

8

삼각함수

: 삼각형의 덧셈 공식 :

삼각함수는 각도를 길이 비율에 대응시킨다.

각도가 $\frac{\pi}{6}$(30°)일 때 밑변의 길이 비는 $\frac{\sqrt{3}}{2}$이고 각도가 $\frac{\pi}{4}$(45°)일 때 밑변의 길이 비는 $\frac{1}{\sqrt{2}}$이다.

여기까지는 모두 아는 내용이다.

내가 이런 내용을 공부할 때, 혼자 궁금했던 것이 하나 있었다.

'cos(30°+45°)를 cos30°와 cos45°로 계산하는 방법이 있지 않을까?'

다른 함수와 비교해보자. 로그에는 다음과 같은 공식이 있다.

$$\log_a MN = \log_a M + \log_a N$$

이 공식은 로그함수 안에 M과 N이 곱해져 있다($\log_a MN$). 그런데 그 값을 각각의 $\log_a M$과 $\log_a N$을 더해서 구할 수 있다.

더 간단하고 익숙한 예는 제곱이다. x^2도 하나의 함수이다.

그런데 x라는 빈칸에 $a+b$가 있을 때 어떻게 되는가? 다음 인수분해 공식이 그것을 보여준다.

$$(a+b)^2 = a^2 + 2ab + b^2 = a^2 + 2\sqrt{a^2 b^2} + b^2$$

8. 삼각함수

이것은 a^2과 b^2으로 $(a+b)^2$을 계산하는 것이다.

로그든 제곱이든, 그 함수 안에 있는 숫자의 계산을 바깥의 숫자들로 대신할 수 있다. 이것이 핵심이다.

마찬가지로,

'$\cos(\alpha+\beta)$를 $\cos\alpha$와 $\cos\beta$로 계산하는 방법이 있을까?'

수학이니까, 그런 방법이 분명히 있을 것 같았다.

호기심으로 내가 그 공식을 이리저리 생각해보기도 했다. 물론 내 머리로 그 공식을 찾아내지는 못했지만.

문과 수학에서는 배우지 못한 그런 삼각함수의 공식을 이과 수학 교과서에서 마침내 보게 되었다.

반전은 다른 데 있었다.

궁금하던 공식들을 찾았으니 반가워야 했다. 하지만 반대로, 관심이 뚝 떨어져버렸다.

: 이 공식들을 다 어떡해? :

원래 알고 싶었던 공식을 수학책에서 발견하게 되면 훨씬 쉽고 재미있게 공부할 수 있다.

첫째, 관심이 있으니 이해가 잘 된다.
둘째, 남들에게는 어려워도 자신에게는 더 쉽게 이해된다.

내게 삼각함수의 합과 차의 공식도 그래야만 했다. 하지만 그렇지 못했다. 왜? 공식들이 많아도 너무 많았기 때문이다. 게다가 복잡하기까지 했다.
공식 중 일부는 다음과 같다.
(여러분은 이 공식들을 대충 훑어만 보자. 미리 겁먹을 필요는 없다.)

삼각함수의 덧셈 정리 ─────────────

(1) $\sin(\alpha + \beta) = \sin\alpha\cos\beta + \cos\alpha\sin\beta$

(2) $\sin(\alpha - \beta) = \sin\alpha\cos\beta - \cos\alpha\sin\beta$

(3) $\cos(\alpha + \beta) = \cos\alpha\cos\beta - \sin\alpha\sin\beta$

(4) $\cos(\alpha - \beta) = \cos\alpha\cos\beta + \sin\alpha\sin\beta$

(5) $\tan(\alpha + \beta) = \dfrac{\tan\alpha + \tan\beta}{1 - \tan\alpha\tan\beta}$

(6) $\tan(\alpha - \beta) = \dfrac{\tan\alpha - \tan\beta}{1 + \tan\alpha\tan\beta}$

8. 삼각함수

곱을 합으로

(1) $\sin\alpha\cos\beta = \dfrac{1}{2}\{\sin(\alpha+\beta) + \sin(\alpha-\beta)\}$

(2) $\cos\alpha\sin\beta = \dfrac{1}{2}\{\sin(\alpha+\beta) - \sin(\alpha-\beta)\}$

(3) $\cos\alpha\cos\beta = \dfrac{1}{2}\{\cos(\alpha+\beta) + \cos(\alpha-\beta)\}$

(4) $\sin\alpha\sin\beta = -\dfrac{1}{2}\{\cos(\alpha+\beta) - \cos(\alpha-\beta)\}$

합을 곱으로

(1) $\sin A + \sin B = 2\sin\dfrac{A+B}{2}\cos\dfrac{A-B}{2}$

(2) $\sin A - \sin B = 2\cos\dfrac{A+B}{2}\sin\dfrac{A-B}{2}$

(3) $\cos A + \cos B = 2\cos\dfrac{A+B}{2}\cos\dfrac{A-B}{2}$

(4) $\cos A - \cos B = -2\sin\dfrac{A+B}{2}\sin\dfrac{A-B}{2}$

배각 공식

(1) $\sin 2\alpha = 2\sin\alpha\cos\alpha$

(2) $\cos 2\alpha = \cos^2\alpha - \sin^2\alpha = 2\cos^2\alpha - 1 = 1 - 2\sin^2\alpha$

(3) $\sin 3\alpha = 3\sin\alpha - 4\sin^3\alpha$

(4) $\cos 3\alpha = 4\cos^3\alpha - 3\cos\alpha$

(5) $\tan 2\alpha = \dfrac{2\tan\alpha}{1 - \tan^2\alpha}$

반각 공식 ─────────────────────────

(1) $\sin^2\dfrac{\alpha}{2} = \dfrac{1-\cos\alpha}{2}$

(2) $\cos^2\dfrac{\alpha}{2} = \dfrac{1+\cos\alpha}{2}$

(3) $\tan^2\dfrac{\alpha}{2} = \dfrac{1-\cos\alpha}{1+\cos\alpha}$

공식들이 정말 끝도 없을 정도로 많아 보였다.

그리고 나는 학교 형들과 누나들이 이 많은 공식들을 외우는 모습을 보았다.

단축된 용어로 무슨 주문처럼 공식들을 외우고 있었다.

내가 그런 공부를 해야 한다고 생각하니 끔찍했다.

그건 공식의 지옥이었다.

8. 삼각함수

: 공식의 지옥에서 살아남기 :

삼각함수에서의 공식들은 고등학교에서 배우는 것으로 끝나지 않는다. 대학에서는 '쌍곡선 함수'라고 해서 삼각함수의 변종에 해당하는 또 다른 비슷한 공식들을 만나게 된다.

공식들이 너무 많고 헷갈린다.

무턱대고 암기하는 것으로는 버티기 힘들다. 뭔가 다른 방법이 필요하다. 더 효과적인 방법이.

수학책에서 공식 암기를 설명하다니!

수학 개념을 설명해야 하는 것이 아닌가?

이런 생각이 들 수도 있다.

하지만 우리는 모두 초등학교 때 구구단을 외웠다. 그리고 구구단이 수학 공부에 왜 필요한지 충분히 안다.

삼각함수의 공식들도 구구단과 같다. 외우지 않고 공부한다면 그 너머의 이해가 매우 어렵다.

수학을 설명한다면, 그리고 수학 공부를 돕기 위해 설명한다면, 필요한 것은 모두 설명해야 한다. 논리적 개념이든 암기 방법이든 뭐든지!

필수적이지만 힘든 과정이다. 고상하게 증명만 해주고 끝낼 수는 없다.

외우는 것이니 학생들 각자가 알아서 하라고? 그럴 수는 없다. 초등학생에게 구구단을 가르쳐주지 않고 그냥 곱셈을 알아서 공부하라는 것과 다를 바 없다.

어떻게 해야 하는가?

파깨비 방식의 공식 암기법은 최소한의 공식을 외우는 것이다. 나머지는 이 공식에서 유도해야 한다. 그게 수학적으로 공부하는 것이다.

무슨 뜻인가?

수학 공식들이 이렇게 많이 있다고 해보자. 여기서 동그라미가 수학 공식이고 화살표는 논리적 추론이다.

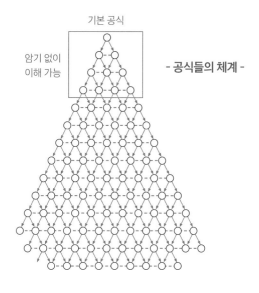

- 공식들의 체계 -

8. 삼각함수

삼각형의 꼭대기에 기본 개념과 공식이 있다. 이 부분은 쉽다.

1차 방정식의 근의 공식 정도의 내용이라고 보면 된다. $ax+b$ $=0$이라면 $x=\dfrac{-b}{a}(a\neq0)$ 같은 쉬운 내용.

밑으로 내려올수록 여러 내용들이 논리적으로 결합된다. 그리고 복잡하고 어려운 공식들이 나타난다.

그렇게 복잡해진 삼각함수의 공식들이 그림의 중간부터 아래에 있는 동그라미들이다.

이럴 때 다음과 같이 공식을 외우는 것은 별로 편리하지 않다. 검은 동그라미가 외운 공식들이다.

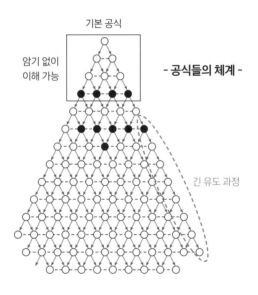

그림에서 외운 공식(검은 동그라미)들이 한쪽(위쪽)으로 치우쳐

있다. 그래서 다른 필요한 공식들을 거기에서 유도하려 하면 논리적으로 매우 힘들다.

　공식을 재빨리 생각해낼 수 있는 이점이 없다.

　더 나은 방식은 다음과 같다.

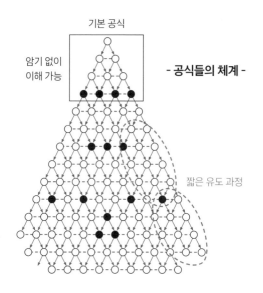

여기서 외운 공식들은 중간중간에 흩어져 있다.

　그래서 외운 공식에서 외우지 않은 공식을 추론할 때의 단계가 짧다. 금방 유도할 수 있는 것이다.

　그럼 삼각함수의 필수 공식들을 쉽게 외우려면,

　구체적으로 어느 것을 어떻게 외우면 될까?

: 삼각함수의 공식, 이렇게 외우자 :

파깨비 방식의 공식 외우기 방법은 경험에서 나온 것이다.

내가 삼각함수를 오래 공부하고, 학생들에게 가르쳐보면서 효과적인 방식을 택했다. 따라서 자기에게 맞지 않으면 사람마다 다른 방식을 택할 수도 있다.

첫 출발점은 두 공식이다. 이건 외워야 한다.

$$(1)\ \sin(\alpha + \beta) = \sin\alpha\cos\beta + \cos\alpha\sin\beta$$
$$(3)\ \cos(\alpha + \beta) = \cos\alpha\cos\beta - \sin\alpha\sin\beta$$

하나는 사인의 덧셈 공식이고 다른 하나는 코사인의 덧셈 공식이다.

이 두 공식이 암기의 지옥에서 우리를 구해줄 동아줄이다. 일단 다른 공식들은 모두 잊고 이 두 공식만 외우자.

어떻게 외우냐고? 그냥 외우면 된다.

다른 많은 공식과 함께 외우려 한다면 이 공식들도 헷갈릴지 모른다. 하지만 이 두 개만 외우는 것은 어렵지 않다. 헷갈리지도 않는다.

아마도 다음과 같이 머릿속에서 패턴을 파악할 것이다.

'그래, 사인의 합은 사인과 코사인을 곱해서 더하고, 코사인의 합은 코사인끼리 곱한 데서 사인끼리 곱한 것을 빼는군.'

이 두 공식을 외웠다면 다음 두 공식은 부호만 바꾸어서 금방 찾을 수 있다.

(2) $\sin(\alpha - \beta) = \sin\alpha\cos\beta - \cos\alpha\sin\beta$

(4) $\cos(\alpha - \beta) = \cos\alpha\cos\beta + \sin\alpha\sin\beta$

각 공식에 일부러 번호를 붙여두었다. 공식의 위치를 짐작할 수 있을 것이다.

여기서 시작해서 곱을 합으로 만드는 공식과, 합을 곱으로 만드는 공식을 쉽게 써낼 수 있다.

어떻게?

시험 문제를 풀 때 종이 여백에 다음의 네 공식을 차례대로 쓴다.

(1) $\sin(\alpha + \beta) = \sin\alpha\cos\beta + \cos\alpha\sin\beta$

(2) $\sin(\alpha - \beta) = \sin\alpha\cos\beta - \cos\alpha\sin\beta$

(3) $\cos(\alpha + \beta) = \cos\alpha\cos\beta - \sin\alpha\sin\beta$

(4) $\cos(\alpha - \beta) = \cos\alpha\cos\beta + \sin\alpha\sin\beta$

8. 삼각함수

다음에는 생각해내야 하는 공식이 무언지 짚어본다.

예를 들어 $\sin\alpha\cos\beta = ?$를 알아야 하는가? 그렇다면 네 줄에서 사인과 코사인이 곱해진 부분을 찾는다. 곧 (1)과 (2)의 중간에서 $\sin\alpha\cos\beta$ 를 찾을 수 있을 것이다.

(1) $\sin(\alpha+\beta) = \underline{\sin\alpha\cos\beta} + \cos\alpha\sin\beta$

(2) $\sin(\alpha-\beta) = \underline{\sin\alpha\cos\beta} - \cos\alpha\sin\beta$

(3) $\cos(\alpha+\beta) = \cos\alpha\cos\beta - \sin\alpha\sin\beta$

(4) $\cos(\alpha-\beta) = \cos\alpha\cos\beta + \sin\alpha\sin\beta$

(1) $\boxed{\sin\alpha\cos\beta} = \frac{1}{2}\{\sin(\alpha+\beta) + \sin(\alpha-\beta)\}$

(2) $\cos\alpha\sin\beta = \frac{1}{2}\{\sin(\alpha+\beta) - \sin(\alpha-\beta)\}$

(3) $\cos\alpha\cos\beta = \frac{1}{2}\{\cos(\alpha+\beta) + \cos(\alpha-\beta)\}$

(4) $\sin\alpha\sin\beta = -\frac{1}{2}\{\cos(\alpha+\beta) - \cos(\alpha-\beta)\}$

그렇다면 다른 것을 지우고 이것만 남길 방법을 생각해보자. 어떻게 하면 될까? 간단한 더하기와 나누기로 할 수 있다.

먼저 (1)과 (2)를 더한다. 그러면 이렇게 된다.

$$
\begin{aligned}
&(1)\,\sin(\alpha+\beta) = \sin\alpha\cos\beta + \cos\alpha\sin\beta \\
+\,)\quad &(2)\,\sin(\alpha-\beta) = \sin\alpha\cos\beta - \cos\alpha\sin\beta \\
\hline
&\sin(\alpha+\beta) + \sin(\alpha-\beta) = 2\sin\alpha\cos\beta
\end{aligned}
$$

여기서 양변을 2로 나누기만 하면 된다. 물론 좌우변의 위치를 바꿔야 더 보기 쉽다.

이와 같은 방식으로 곱을 합으로 바꾸는 공식들을 간단히 유도할 수 있다.

그럼, 합을 곱으로 바꾸는 공식은? 이렇게 한다.

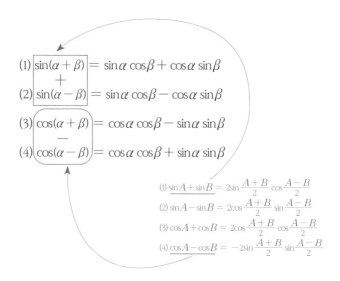

여기서는 사인과 코사인 속의 $\alpha + \beta$를 하나의 값으로 보는 패턴 인식이 필요하다.

처음엔 어려울 수 있다. 하지만 조금만 숙달되면 간단하다.

탄젠트의 덧셈 정리는 $\tan\theta = \dfrac{\sin\theta}{\cos\theta}$ 라는 기본 공식을 이용한다. 교과서에 있는 대로 이렇게.

8. 삼각함수

$$\tan(\alpha + \beta) = \frac{\sin(\alpha + \beta)}{\cos(\alpha + \beta)} = \frac{\sin\alpha\cos\beta + \cos\alpha\sin\beta}{\cos\alpha\cos\beta - \sin\alpha\sin\beta}$$

그리고 분모 분자의 모든 항들을 $\cos\alpha\cos\beta$ 로 나눠준다.

$$= \frac{\dfrac{\sin\alpha\cos\beta}{\cos\alpha\cos\beta} + \dfrac{\cos\alpha\sin\beta}{\cos\alpha\cos\beta}}{\dfrac{\cos\alpha\cos\beta}{\cos\alpha\cos\beta} - \dfrac{\sin\alpha\sin\beta}{\cos\alpha\cos\beta}}$$

여기서 각 항들을 약분하면,

$$= \frac{\dfrac{\sin\alpha}{\cos\alpha} + \dfrac{\sin\beta}{\cos\beta}}{1 - \dfrac{\sin\alpha\sin\beta}{\cos\alpha\cos\beta}}$$

이제 $\tan\theta = \dfrac{\sin\theta}{\cos\theta}$ 를 각 항에 적용하면 끝난다.

이 내용을 설명으로 들으면 복잡하다. 하지만 스스로 3번 정도 해보면 어렵지 않다.

3번이나 해야 한다고? 그렇다. 하지만 어차피 이 공식을 다른 방식으로 외우려 해도 그 이상의 시간과 노력은 든다.

유도하지 않고 외운다면, 한번에 머리에 들어온다고 착각할 수 있다. 하지만 다음 날에 헷갈린다. 다시 외우고 잊어먹기를 반복해야 한다.

지금 소개한 방식대로 하면 그보다 적은 노력으로 공식을 유도할 수 있다.

여기까지 하면, 공식의 지옥에서 일단 반 정도는 벗어날 수 있다.

: 설명이 아닌 설득 :

공식의 지옥에서 벗어나는 방법이 기껏 교과서 내용의 공식 유도 과정인가?

그렇다. 하지만 전부는 아니다.

더 하고 싶은 말은 이것이다. 수학을 공부할 때 다음 둘 중에서 어느 것을 택할 것인가?

(1) 공식을 (재빨리) 유도하기
(2) 공식을 (모조리) 암기하기

어느 것을 택해도 된다. 정확히 외워서 사용한다면, 이해하지 못한 수학 공식조차도 정확한 답을 내준다.

(이런 수학의 특징은 필요한 사람들에게 매우 매력적이다.)

그래도 공식을 암기하는 것이 아니라 유도하는 것을 택하라고 설득할 수 있다. 이건 논리적 설명이 아니라 '감정적 설득'이다.

첫째, 실제로 공부를 해보면 암기가 결코 더 쉽지 않다. 유도하든 암기하든 시간이 들고 머릿속이 복잡하기는 마찬가지다. 그렇다면 수학 과목의 본성에 맞는 방법이 더 좋다. 수학은 근본적으로 이해 과목이다.

둘째, 파깨비 방식의 공식 암기 방법은, 서툴러도 당장 사용할 수 있다. 반면에 모두 암기하려 한다면? 완벽하게 외워야만 사용할 수 있다.

플러스(+) 마이너스(-) 부호 하나하나가 정확해야 한다. 부호 하나만 틀려도 쓸모가 없다. 그런데 열심히 외워도 다음 날 되면 부호가 헷갈린다.

반면 중요한 공식 몇 개를 암기하고 거기서 간단히 유도해나가면 부호가 헷갈리지 않는다. 공식을 유도할 때마다 10~20초씩 시간이 더 걸릴 것이다. 하지만 느려도 정확하다.

셋째, 숙달되면 공식 유도가 암산으로 능숙하게 처리된다. 보고 읽는 수준으로 금방 공식을 머리에서 꺼낼 수 있다.

아직 모르는 까다로운 공식들이 눈앞에 있다. 많은 공식을 한순간에 머릿속에 넣을 수는 없다. 이러나저러나 시간은 걸린다.

가능한 한 합리적인 방식을 선택해야 한다. 그것이 수학적인 방식이다.

8. 삼각함수

: 배각 공식과 반각 공식 :

아직 남은 공식들이 있다.

먼저 배각 공식이다.

2배각 공식은 쉽다. 삼각함수 안에 있는 $\alpha+\beta$를 $\alpha+\alpha$로 생각하면 된다. $\alpha+\alpha = 2\alpha$니까.

많은 학생들이 이것을 한눈에 파악하므로 상세한 설명을 건너뛰겠다.

반각 공식은 2배각의 공식을 역이용한다.

$\cos2\alpha = 2\cos^2\alpha - 1 = 1 - 2\sin^2\alpha$를 사용해서 1을 이항하고 2로 나누는 것이다.

이것 역시 간단한 계산으로 유도할 수 있다.

(취향에 따라서는 그냥 외워도 된다.)

3배각의 공식은 외우는 것이 좋다.

물론 유도할 수 있다. 하지만 생각보다 까다롭다. 몇 번 반복해도 암산으로 쉽게 되지 않는다.

3배각 공식 암기법으로는 여러 가지가 알려져 있지만 나는 다음 방식을 쓴다.

$$\sin3\alpha = 3\sin\alpha - 4\sin^3\alpha \qquad \text{[암기] 사인은 3-43}$$

$$\cos3\alpha = 4\cos^3\alpha - 3\cos\alpha \qquad \text{[암기] 코사인은 43-3}$$

여기서 어느 3이 세제곱을 나타내는가? 이런 의문은 가질 필요 없다.

막상 외워보면 기억이 나기 때문이다. 이 대목은 논리적으로 따질 대목이 아니다.

공식들의 체계에서 3배각 공식은 중간쯤에 있는, 그런 공식들에 해당한다.

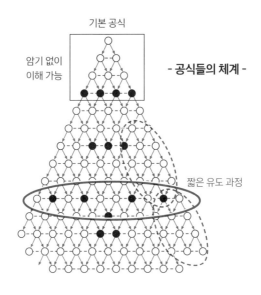

기본 공식

암기 없이
이해 가능

- 공식들의 체계 -

짧은 유도 과정

8. 삼각함수

: 삼각함수의 합성 :

삼각함수의 합성 공식이 있다. 다음과 같다.

(1) $a\sin\theta + b\cos\theta = \sqrt{a^2 + b^2}\sin(\theta + \alpha)$

    (단, $\cos\alpha = \dfrac{a}{\sqrt{a^2 + b^2}}$, $\sin\alpha = \dfrac{b}{\sqrt{a^2 + b^2}}$)

(2) $a\sin\theta + b\cos\theta = \sqrt{a^2 + b^2}\cos(\theta - \beta)$

    (단, $\cos\beta = \dfrac{b}{\sqrt{a^2 + b^2}}$, $\sin\beta = \dfrac{a}{\sqrt{a^2 + b^2}}$)

나는 이 공식을 공부하며 한참을 들여다보았다. 하지만 아무것도 이해할 수 없었다.

    '$\sin\theta$와 $\cos\theta$를 더하는데 왜 갑자기 α라는 각이 튀어나올까?'

    '$\sin\theta$와 $\cos\theta$ 앞에 각각 a와 b가 왜 붙어야 하나? 이걸 떼어낼 수 없나?'

교과서를 들여다보면?

상세한 증명이 있다. 하지만 처음 삼각함수의 합성을 공부하던 내게는 쓸모가 없었다. 교과서에 어디 틀린 내용이 있겠는가?

나는 공식을 이해해서 문제를 풀어야 했다. 증명이 아니라 쉬운 설명이 필요했다.

내가 그걸 찾아내는 데만 한 달 이상 걸렸던 것 같다.

파깨비 방식의 설명은 이렇다.

'삼각함수의 합성'의 뜻을 생각하자. 두 각을 더한 삼각비.

이때 다음의 공식을 떠올려야 한다.

$$(1)\ \sin(\alpha+\beta) = \sin\alpha\cos\beta + \cos\alpha\sin\beta$$

공식의 지옥에서 탈출하기 위한 동아줄 2개 중 하나다.

이제 이것의 좌우를 바꾸어놓는다. (가능하다면, 다음과 같이 종이 위에 써놓고 보자.)

$$\sin\alpha\cos\beta + \cos\alpha\sin\beta = \sin(\alpha+\beta)$$

여기서 α를 θ로 바꾼다. (β를 θ로 바꿔도 된다.)

이렇게.

$$\sin\theta\cos\beta + \cos\theta\sin\beta = \sin(\theta+\beta)$$

(모양새를 위해서는 β를 α로 바꿔야 하는데, 그건 생략하겠다.)

이 식을 보면서 생각하자.

먼저 θ를 기준으로 $\sin\theta$와 $\cos\theta$가 더해져서 하나의 값 $\sin(\theta+\beta)$가 만들어졌다는 것을 볼 수 있다.

8. 삼각함수

이제 각각 붙은 $\cos\beta$와 $\sin\beta$를 생각하자.

$$\sin\theta \underline{\cos\beta} + \cos\theta \underline{\sin\beta} = \sin(\theta+\beta)$$

코사인은 직각삼각형의 밑변(비율)이고 사인은 높이(비율)이다.
그림으로 그리면 이렇다.

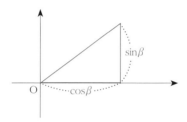

이걸 a와 b로 고쳐서 그리면 이렇다.

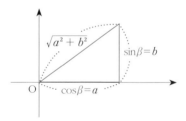

그러니까 식은 이렇게 되는 것이다.

$$\sin\theta \frac{a}{\sqrt{a^2+b^2}} + \cos\theta \frac{b}{\sqrt{a^2+b^2}} = \sin(\theta+\beta)$$

그래서 이제 $\sqrt{a^2+b^2}$을 저쪽으로 옮기면 된다. 이렇게.

$$a\sin\theta + b\cos\theta = \sqrt{a^2 + b^2}\,\sin(\theta + \alpha)$$

(어? 앞에서 이와 비슷한 걸 했던 것 같다! 그렇다. 지금 복소수의 극형식을 거꾸로 하고 있는 것이다.)

이 설명도 어렵게 보일지 모른다.

하지만 다행히도 실제 문제를 풀 때는 더 쉽다. 이것이 중요하다.

어차피 공식을 공부하는 것은 문제를 풀기 위함이니까.

문제 풀이

$\sqrt{3}\sin\theta - \cos\theta$를 $r\sin(\theta + \alpha)$의 꼴로 바꾸어라.

출발점은 $\sqrt{3}\sin\theta - \cos\theta$이다. 여기에 '$\sin\alpha\cos\beta + \cos\alpha\sin\beta$'를 적용한다.

그러면 $\cos\beta = \sqrt{3}$이고 $\sin\beta = -1$이라는 것을 알 수 있다. 코사인이 (직각삼각형의) 밑변이므로(암기 사항) 밑변이 $\sqrt{3}$이고 높이가 -1인 직각삼각형이다.

이것을 시험지 여백에 간단히 그린다. 이렇게.

(숙달되면 그림을 마음속에서 떠올릴 수 있다.)

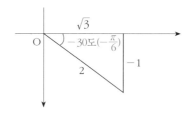

여기서 빗변의 길이 2는 피타고라스 정리를 써서 구한다.

그러면 그림에서 각이 보일 것이다. 30도($\frac{\pi}{6}$). 그런데 이게 반대쪽이니, -30도($-\frac{\pi}{6}$)이다.

α가 나왔다. $r\sin(\theta-\frac{\pi}{6})$이다. 이제 r만 찾으면 된다.

그림을 보면 빗변이 2이다. 그러니까 원래 다음과 같은 것인데,

$$\frac{\sqrt{3}}{2}\sin\theta - \frac{1}{2}\cos\theta \ (\sin\alpha\cos\beta + \cos\alpha\sin\beta \text{의 형식})$$

여기서 분모 2를 등호 너머 저쪽(다른 변)으로 옮겨서 (문제) $\sqrt{3}$ $\sin\theta-\cos\theta$가 나온 것이다.

분모 2를 넘겼으니, 저쪽($r\sin(\theta-\frac{\pi}{6})$)에 곱해져 있다. r이다.

답은,

$$\sqrt{3}\sin\theta - \cos\theta = 2\sin(\theta-\frac{\pi}{6})$$

숙달되면 문제($\sqrt{3}\sin\theta-\cos\theta$)에서 곧바로 $\sqrt{\sqrt{3^2 + (-1)^2}} = 2$ 를 계산할 수 있을 것이다.

생각보다 쉽지 않은가.

9

수열과
극한

: 수열: 숫자를 늘어놓는다 :

수열이란 무엇인가? 수를 열거하는 것이다. 이렇게.

$$a_1, a_2, a_3, \cdots a_m, \cdots a_n, \cdots$$

숫자들을 동그라미로 그리는 대신 수학적 표기법을 썼다.

수학적 표기법? $a, b, c, d, \cdots$라고 말하는 것이다.

그런데 때로는 알파벳 문자의 수가 부족하다. 다른 알파벳 문자를 다른 수학적 표현을 위해 써야 하기 때문이다. 그래서 여러 개의 a를 만들어내기 위해 $a_1, a_2, a_3, \cdots$라고 쓴다. 각각이 의미하는 숫자는 1, 2, 3과 상관없다.

이런 간단한 표기법에 하나씩 친숙해지면 수학 기호들이 쉬워진다.

자, 숫자를 열거한 후에 할 만한 것이 뭐겠는가? 열거된 숫자의 모양새를 보면 답이 나온다.

이 숫자 찾기: 점화식

$$a_1, \underbrace{a_2, a_3, \cdots a_m, \cdots a_n}, \cdots$$

이만큼 더하기: Σ

첫째, 열거된 것 속에서 몇(n) 번째 숫자가 무엇인가를 찾아내는 것,

둘째, 열거된 숫자들 일부를 모두 더하는 것.

이밖에 뭘 더 하겠는가.

(모두 곱하는 것도 생각할 수 있다. 하지만 쓸모가 없을 것 같다.)

그래서 수열에서는 기본적으로 점화식과 숫자의 합(Σ)에 대해서 배운다.

(1) 점화식: 수열 속에서 n번째 나타나는 숫자를 찾는 공식

(2) 시그마(Σ): 원하는(n개) 만큼의 숫자들을 모두 더한 값을 계산

수열 단원에서 뭔가 복잡한 것을 배우지만 기본 구조는 이렇게 단순하다.

: 점화식과 시그마(Σ) :

점화식을 계산하는 방법이 왜 필요한가?

숫자를 죽~ 열거하면 거기에서 n번째 수를 금방 찾을 수 있을 것 같다. 하지만 3,685,204번째 항($n=3,685,204$)을 찾는 정도가 되면 상황이 달라진다.

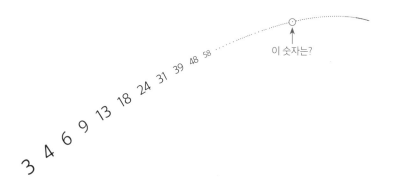

이 숫자는?

3 4 6 9 13 18 24 31 39 48 58

공식이 필요하다. 거기서 몇 번째 수라도 찾아낼(계산할) 수 있는 공식. 그것이 점화식이다.

한편, 시그마(Σ)는 '여기'(k)에서 '저기'(n)까지의 수를 모두 더하는 기호이다.

새로운 기호가 갑자기 나타나면 어렵다. 하지만 표현을 줄인 것뿐이다.

수열의 3번째 항부터 201번째 항까지 더한다고 해보자. 어떻게 표현할까?

165

이렇게 하는 것이 일반적이다.

$$a_3 + a_4 + \cdots + a_{201}$$

만약 a 수열의 3번째 항부터 201번째 항까지 더한 값에 다시 b 수열의 10번째 항부터 150번째 항까지 더한다면? 이렇게 쓸 수 있다.

$$a_3 + a_4 + \cdots + a_{201} + b_{10} + b_{11} + \cdots + b_{150}$$

이 표현은 너무 길다. 계산하려는 것이 잘 보이지도 않는다. 그래서 시그마를 사용한다.

$$a_3 + a_4 + \cdots + a_{201} = \sum_{k=3}^{201} a_k$$

$$b_{10} + b_{11} + \cdots + b_{150} = \sum_{k=10}^{150} b_k$$

그래서,

$$a_3 + a_4 + \cdots + a_{201} + b_{10} + b_{11} + \cdots + b_{150} = \sum_{k=3}^{201} a_k + \sum_{k=10}^{150} b_k$$

훨씬 짧아졌다.

표현은 복잡해졌다. 어려워 보인다. 하지만 알고 보면 어려울 것이 없다.

∑(시그마) 기호의 아래위에, 어디서부터 어디까지 더할 것인가를 표시한다. 그뿐이다.

왜 시그마 위에는 "$k = 201$"이라고 쓰지 않고 그냥 "201"만 쓸까?

"$k =$"이 있어도 된다. 하지만 불필요하다. 처음부터 k의 값이 어디서부터 어디까지인지를 표시하려는 것이기 때문이다. 결국,

$$\sum_{k=3}^{201} a_k = \sum_{k=3}^{k=201} a_k$$

뻔한 기호를 생략한 것일 뿐이다.

여러분은 교과서에서 다음의 표현을 자주 볼 것이다.

$$\sum_{k=1}^{n} a_k = a_1 + a_2 + \cdots + a_n$$

이것은 201이라는 구체적인 숫자 대신에 n을 사용했다. 첫 번째(1) 항부터 어느 번째(n) 항까지든 이렇게 계산할 수 있다는 뜻이다.

n은 구체적인 수인데, k는 그렇지 않다. 그냥 연결고리다.

($ax + b$에서 a, b는 구체적인 수인데 x는 미지수이듯이.)

9. 수열과 극한

: 시그마(Σ)의 성질 :

시그마의 기본적인 성질은 다음과 같다.

(1) $\displaystyle\sum_{k=1}^{n}(a_k+b_k) = \sum_{k=1}^{n}a_k+\sum_{k=1}^{n}b_k$

(2) $\displaystyle\sum_{k=1}^{n}(a_k-b_k) = \sum_{k=1}^{n}a_k-\sum_{k=1}^{n}b_k$

(3) $\displaystyle\sum_{k=1}^{n}ca_k = c\sum_{k=1}^{n}a_k$

(4) $\displaystyle\sum_{k=1}^{n}c = cn$

이 내용을 어려워하는 학생들은 많지 않다. 하지만 가끔 있다.

그래서 간단히 요점만 짚고 가겠다.

이런 공식들이 어려워 보인다면 그것은 식이 복잡하기 때문이다.

복잡한 기호에 현혹되지 말자. 자주 봐서 친숙해지고 기호의 의

미를 읽기만 하면 된다.

(1) $\displaystyle\sum_{k=1}^{n}(a_k+b_k)=\sum_{k=1}^{n}a_k+\sum_{k=1}^{n}b_k$의 의미는 쉽게 말해 이렇다.

$a+b$들을 여러 개 더하면, a를 여러 개 더하고 b를 여러 개 더

한 것과 같다.

너무 당연한 말이다. 쉽다.

$$\sum_{k=1}^{n}(a_k+b_k)$$

를 보고 머릿속에 다음을 풀어내기만 하면 된다.

$$(a_1+b_1)+(a_2+b_2)+(a_3+b_3)+\cdots+(a_n+b_n)$$

모두 더하기로 풀어낸다. 곱하기도 나타나지 않는다. 헷갈릴 것도 없다.

이렇게 더하기로 연결해서 머릿속에 풀어내기만 한다면 (3) $\sum_{k=1}^{n}ca_k = c\sum_{k=1}^{n}a_k$도 쉽게 이해된다.

정리하자면,

시그마를 볼 때 하나만 생각하자.

시그마가 붙은 내용을 더하기로 연결해서 풀어내면 된다. 그다음에는 간단한 더하기의 순서 바꾸기만 남는다.

그뿐이다.

169

: 시그마(Σ)의 연결고리 :

(4) $\displaystyle\sum_{k=1}^{n} c = cn$의 내용은 특이해 보인다.

$\displaystyle\sum_{k=1}^{n} c = c+c+\cdots+c$라는 것, 그래서 $\displaystyle\sum_{k=1}^{n} 1$은 1을 n번 더했다는 뜻이 된다.

왜 그렇게 될까?

이것을 알기 위해 관심을 기울일 것이 하나 있다. $\displaystyle\sum_{k=1}^{n} c$에는 k가 안 나타난다.

k는 더하기의 연결고리이다. 어느 것을 몇 번째부터 몇 번째까지 더하라는 계산의 연결고리.

예를 들어 $\displaystyle\sum_{k=1}^{n} (a_k + b_i)$는 어떨까? a_k에는 k가 있고 b_i에는 k가 없다.

이렇게 된다.

$$\sum_{k=1}^{n} (a_k + b_i) = (a_1 + b_i) + (a_2 + b_i) + \cdots + (a_n + b_i)$$

a는 a_1에서 a_n까지 달라졌다. 시그마(Σ)에 그렇게 하라는 표시가 있으니까.

하지만 b_i는 달라지지 않았다. 똑같은 b_i가 더해진 것이다.

달라지면서 더해지도록 하는 것이 시그마(Σ)이다. 그 연결고리가 k인데 b_i에는 그 계산의 연결고리가 없어서 그러하다.

그래서 b_i는 어떻게 되었나? n번 더해졌다. 즉 $\displaystyle\sum_{k=1}^{n} b_i = nb_i$가 된

것이다.

이것이 (4) $\displaystyle\sum_{k=1}^{n} c = cn$인 이유다.

끝으로 한 가지!

계산의 연결고리는 k가 아닌 다른 문자로 써도 된다. 예를 들어 j를 쓰면 이렇게 된다.

$$\sum_{j=1}^{n} a_j = a_1 + a_2 + \cdots + a_n$$

계산의 연결고리는 릴레이 달리기에서의 바톤과 같다. k라는 바톤을 써도 되고, j라는 바톤을 써도 된다.

9. 수열과 극한

: 수학적 귀납법에 대한 흔한 오해 :

수열을 배우면서 수학적 귀납법도 공부한다.

수학적 귀납법은 증명의 방법이다. 단, 자연수처럼 순서대로 하나씩 죽~ 나열된 대상들에 대해서 증명할 때만 이걸 쓸 수 있다.

수학적 귀납법의 개념을 이해하는 것은 비교적 쉽다.

> [수학적 귀납법] 첫 번째 항이 P라는 성질을 가진다. 그런데 어떤 항이 P라는 성질을 가지면, 그다음 항도 반드시 P라는 성질을 갖는다.
>
> 그러면? 모든 항이 P라는 성질을 갖는다.

말은 어렵다. 하지만 뜻은 쉽다. 간단한 비유로 설명할 수 있다.

첫 번째 덩어리가 벽에 이어져 있다고 하자.

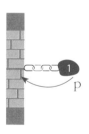

그다음에, 이후의 어떤 덩어리가 벽에 이어져 있으면 그다음에 연결된 덩어리도 벽에 이어져 있을 것이다.

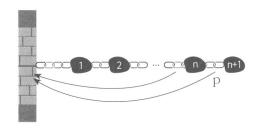

그림에 표시했듯이 어떤 항이 벽에 이어져 있다는 것이 속성 P 이다.

벽에 이어져 있는 것에 그다음 것이 항상 이어진다면? 당연하게 모두 이어지지 않겠는가.

이와 같이 수학적 귀납법의 의미는 간단하고 쉽다.

하지만 이것을 써야 할 때는 좀 어렵다.

어떤 점에서?

수학적 귀납법은 증명의 기술인데, 증명할 때 두 부분에서 어려움을 흔히 겪는다.

예를 들어 다음 명제를 수학적 귀납법으로 증명해보자.

증명 과제

연속된 홀수의 합은 그 개수의 제곱과 같다.

173   9. 수열과 극한

: 첫 번째 어려움 :

첫째, 일단 문제를 이해하는 것이 중요한데, 이 부분에서 어려움을 겪을 때가 있다.

(사실 이것은 수학적 귀납법뿐만 아니라 거의 모든 경우에 나타나는 어려움이다.)

해결책은 유일하다. 문제의 뜻을 정확히 짚어가면서 구체적으로 생각하는 것이다. 한번에 의미를 이해하려 하지 말고, 하나씩 짚어봐야 한다.

먼저 첫 번째 홀수가 있다고 하자. 그러면 그 개수는 1개이다.

$$1 \implies \quad \text{합은?} \qquad \text{(한 개)}^2 = 1^2 = 1$$

그다음 홀수는 3이다. '연속된 홀수'의 '합'이라 했으니, 1과 3을 같이 늘어놓고 더해야 한다. 그 개수는 2개이다.

$$1, 3 \implies \quad \text{합은?} \qquad \text{(두 개)}^2 = 2^2 = 4$$

1+3=4이다. 이것이 연속된 홀수의 합이다. 그 합이 홀수 '2개'의 제곱($2^2=4$)으로 나타났다. 정말 그렇다. 신기하다.

좋다. 다음은?

$$1, 3, 5 \implies \quad \text{합은?} \qquad \text{(세 개)}^2 = 3^2 = 9$$

연속된 홀수들의 합은, 1＋3＋5＝9이다. 그리고 지금 홀수의 개수는 3개이다. 이것을 제곱하면 9이다. 역시 맞았다.

여기서 5가 3번째 홀수이다. $2n-1$로 나타낸다.

문제를 이해했다. 증명 과제는 다음과 같이 다시 쓸 수 있다.

[증명 과제] n개의 홀수가 있다면, n번째 홀수는 $2n-1$이다. 이때 1부터 $2n-1$까지 모든 홀수의 합은 n^2임을 증명하라.

왜 이런 것을 군이 증명해야 할까?

이제 이쯤 되면, 홀수들이 5개든 20개든, 3,658개든, 항상 이렇게 된다고 생각할 법하다. 그런데 정말 예외 없이 그럴까? 이대로는 알 수 없다. 그래서 증명을 하려 한다.

: 두 번째 어려움 :

둘째, 증명의 두 번째 단계에서 헷갈리는 바람에 수학적 귀납법이 어렵다.

증명은 두 단계로 이루어진다. 얼핏 봐서는 어려워 보이지 않는다.

제1단계, 첫 번째 경우를 보여준다.

연속된 홀수가 1 하나다. 여기서 P라는 성질은? 그것을 다 합친 값이 그 개수의 제곱과 같다는 것. 즉 이렇게 써주면 된다.

$$1^2 = 1$$

쉽다. 이제 제2단계만 남았다.

n까지 이것이 성립한다면 $n+1$에서도 이것이 성립한다. 이것을 보여주자.

먼저 n까지 이것이 성립한다는 것을 보여야 한다.

$$1+3+5+\cdots+(2n-1)=n^2$$

여기서 홀수들을 나타내야 하므로 $2n-1$이 나타났다.

첫 번째 홀수: $2 \cdot 1 - 1 = 1$

두 번째 홀수: $2 \cdot 2 - 1 = 3$

$\vdots$

그런데 이것을 어떻게 증명해야 할까?

증명을 하려니, $1^2 = 1$이라는 것밖에 가진 것이 없다. 그런데 이것만 가지고서는 $1+3+5+\cdots+(2n-1)=n^2$을 증명할 수 없다. 막막하다.

수학적 귀납법을 공부할 때 나는 이 대목이 가장 어려웠다.

혹시 여러분들도 나처럼 어려움을 겪었는가? 그렇다면, 이 어려움이 생각의 실수라는 것을 깨달아야 한다.

진짜 증명해야 하는 것은 $1+3+5+\cdots+(2n-1)=n^2$이 아니고 다음의 명제 전체이다.

$$1+3+5+\cdots+(2n-1)=n^2 \text{이면}(\rightarrow),$$
$$1+3+5+\cdots+(2n-1)+\{2(n+1)-1\}=(n+1)^2$$

$1+3+5+\cdots+(2n-1)=n^2$을 증명해야 하는 것이 아니다. 이것을 출발점으로 놓고 그다음 것을 보여줘야 한다. 그러면 이렇게 된다.

$$\underline{1+3+5+\cdots+(2n-1)}+\underline{\{2(n+1)-1\}}=(n+1)^2$$
$$n^2 + \text{그다음 것} = (n+1)^2$$

$1+3+5+\cdots+(2n-1)=n^2$이라고 했으니, $1+3+5+\cdots$

177

$+(2n-1)$ 부분을 n^2으로 바꾼 것이다.

그러고 나서 생각해본다.

$$n^2 + \{2(n+1)-1\} = (n+1)^2$$

이제는 쉽다. 이 식이 성립한다는 것을 인수분해 완전제곱식으로 보이면 되기 때문이다.

$\{2(n+1)-1\}$을 풀면 $2n+2-1 = 2n+1$이 된다. 따라서,

$$n^2 + 2n + 1 = (n+1)^2$$

여기서 증명은 끝난다.

당연하지 않아 보이는 것이 증명해야 할 것이고, 그것을 당연하게 보이도록 만드는 것이 증명이다.

마지막의 $n^2 + 2n + 1 = (n+1)^2$은 모두가 아는 완전제곱 공식이다.

당연하게 된 것이다.

: 수열의 극한 :

수열은 수를 열거한 것이다. 그런데 그 숫자가 끝없이 열거된다면? 무한한 수열이 된다.

예를 들어,

$$1, 2, 3, 4, \cdots, 19231812, 19231813, \cdots \text{(끝없음)}$$

무한한 수열에서도 점화식은 의미가 있다. 그중의 n번째 항은 어딘가에 고정되어 있을 테니까 찾아낼 수 있다.

하지만 이런 무한한 수열 전체의 합은 의미가 없어진다. 더 큰 숫자가 계속 나타나기 때문이다. (발산한다.) 무한히 커지는 숫자를 모두 더하면, 무한한 크기가 나온다. 그것은 숫자라 하기 어렵다.

그런데 무한히 많은 숫자를 모두 더해도 그 값이 무한히 커지지 않는 경우가 있다. 이를 위해서는 수열의 끝이 점점 작아져야 한다. (수렴해야 한다.) 예를 들면 이렇게.

$$\frac{1}{2}, \frac{1}{4}, \frac{1}{8}, \frac{1}{16}, \cdots, \frac{1}{2^n}, \cdots$$

이것이 극한이다.

그러므로 발산은 중요하지 않고 수렴이 중요하다.

교과서에서는 발산도 같이 설명하지만 결국 초점은 수렴에 있다. 어떤 수열이 수렴하는지를 알기 위해서, 그것을 가려낼 때만 발산을 생각한다.

10

미분적분

: 미분을 한눈에 이해하기 :

수학 시간에 미분이란 곡선의 순간기울기를 찾는 것이라고 배운다.

공식은 다음과 같다.

$$f'(x) = \lim_{\Delta x \to 0} \frac{f(x + \Delta x) - f(x)}{\Delta x}$$

틀린 설명은 아니다. 하지만 수학적인 이해를 어렵게 만든다.

문제점을 비유로 설명하겠다.

$a + 2 = 3$에서 a를 계산할 때 어떻게 하는가? 선생님은 때때로 이렇게 설명하신다.

"+2가 등호를 건너가면 부호가 바뀌어 −2가 된다."

틀린 설명은 아니다. 하지만 수학적인 이해를 어렵게 만든다. 우리는 이렇게 생각하게 되니까.

'숫자가 등호를 건너가면 왜 부호가 바뀔까?'

근본적인 설명은 복잡하지 않다. $a + 2 = 3$에서 a를 계산하기 위해서 양쪽에서 같은 수를 빼는 것이다. $a+2-2=3-2$이다. 그래서 $+2-2$가 0이 되어 사라지고 $a=3-2$로 보인다.

미분의 개념도 이와 같은 방식으로 설명할 수 있다.

미분 계산으로 무엇을 찾는가?

순간기울기가 아니다.

(비유: 숫자가 등호를 건너가면 부호가 바뀌는 것이 아니다.)

순간변화율이다.

(비유: 양쪽에서 같은 수를 빼는 것이다. 그래서 한 부분이 0이 된다.)

순간변화율을 그래프로 그리면 곡선의 순간기울기로 나타날 뿐이다.

이제 '순간변화율'에 대해서 생각하자. 수학적으로.

순간변화율? 순간적으로 얼마나 변하는가를 생각하는 것이다.

변화율은 비율이다. 이 비율에는 두 개가 비교된다. '순간'과 '변화량'이다.

순간은 극히 짧은 시간(t)이다. 극히 작은 크기 d를 t에 곱해서 이것(순간)을 나타낸다. dt.

그동안 변화하는 양(y)도, 극히 작은 변화량일 것이다. 이것도 똑같이 극히 작은 크기 d를 y에 곱해서 나타낸다. dy.

두 값의 비율이므로 미분은 다음과 같이 나타난다.

$$\frac{dy}{dt} = \frac{\text{극히 작은 크기의 } y \text{ (함수)}}{\text{극히 작은 크기의 } t \text{ (시간)}}$$

이제 이 개념을 더 확장하자. 이런 생각의 확장을 '일반화'라고 부른다.

변화의 기준을 시간에 한정하지 않는다. 어떤 값이든 변화의 기준이 될 수 있다고 생각하는 것이다. 어떤 곡선이 있다면 가로 x의 값이 변하는 만큼 세로 y의 값이 변한다고.

가로 x의 자리에 당연히 시간이 들어갈 수 있다. 하지만 다른 것도 들어갈 수 있다.

그래서 미분의 표시는 다음과 같이 변한다.

$$\frac{dy}{dx} = \frac{\text{극히 작은 크기의 } y \text{ (함수의 변화량)}}{\text{극히 작은 크기의 } x \text{ (기준량)}}$$

그리고 이것이 최종적으로 다음과 같이 나타난다.

$$\lim_{\Delta x \to 0} \frac{f(x + \Delta x) - f(x)}{(x + \Delta x) - x} = \lim_{\Delta x \to 0} \frac{f(x + \Delta x) - f(x)}{\Delta x}$$

기억해야 할 것은 하나다. 미분의 개념이 분수라는 것. $\frac{dy}{dt}$, 분수로 되어 있지 않은가!

185   10. 미분적분

개념도 그러하고, 실제 계산에서도 분수로 작동한다.

수학에서는 정확한 개념이 항상 정확한 계산으로 이어진다.

모든 것이 숫자이고 그것은 계산된다.

: 미분이 어려운 이유 :

미분의 개념을 알았다. 그리고 그것을 계산하는 식도 이해했다. 하지만 나는 그것만으로는 만족스럽지 않았다. 아무것도 안 배운 것 같았다.

'$f(x)$는 어떤 함수이다. 그래서 그 함수가 어떻게 된다는 거지? $f'(x)$가 어떤 함수가 된다는 말인가?'

여기에 대해서는 말이 없다. 그냥 순간변화율이라는 뜻을 수학식으로 말했을 뿐이다.

내가 미분을 배웠다고 생각한 순간은 x^n을 미분하면 nx^{n-1}이라는 것을 알게 된 때였다. x^2을 미분하면 $2x$가 되고, x^3을 미분하면 $3x^2$이 된다는 것.

예전 인문계 고교 수학 과정에서는 미분을 그 정도만 공부했다. x^3이나 x^4과 같은 x의 거듭제곱 함수만 공부한 것이다.

하지만 그 이상을 공부하려면, 즉 이공계 수학으로 공부를 확장하려면, x^3을 포함한 모든 함수를 미분할 수 있어야 한다.

어떻게 모든 함수를 미분하는가? 각각의 함수를 미분의 정의에 대입해서 미분된 함수(즉 도함수)를 찾아야 한다.

미분이 어려운 핵심적인 이유는 이 대목에 있다.

어떤 함수든 미분하는 간단한 방법이 없다.

각각의 함수마다 그것의 미분함수(도함수)를 찾아야 한다.

너무 어렵게 생각하지는 말자.

이 부분을 실질적으로 공부하는 방법은 각 함수의 도함수를 외우는 것이다. 예를 들어 이런 것들.

$\sin x$를 미분하면 $\cos x$

$\log_e x(=\ln x)$를 미분하면 $\dfrac{1}{x}$

현실적으로 어떤 수학자도 매번 함수를 미분해서 도함수를 찾아 계산해나가지 않는다. 우리가 구구단을 외워서 곱하기 계산을 하는 것과 비슷하다.

$3 \times 7 = 21$의 의미는 3을 7번 더하면 21이라는 것이다. 하지만 모두가 $3 \times 7 = 21$을 구구단으로 외워서 계산하지 않는가.

마찬가지로 수학자들은 각 함수의 미분공식을 유도할 수 있지만 실제로는 공식을 외워서 미분을 한다.

: 합성함수의 미분, 왜 이럴까? :

합성함수 미분의 기본 공식은 이렇다.

$$\frac{dy}{dx} = \frac{dy}{du} \cdot \frac{du}{dx}$$

이런 공식은 다음과 같은 문제를 풀 때 사용된다.

$$y = (4x^3 + 1)^5$$

이 함수를 미분할 때, 5제곱의 괄호를 풀어헤쳐서 미분할 수도 있다. 하지만 너무 번거롭다. 그래서 다음과 같이 한다.

(1) $\square^5$이라는 함수를 $\square$으로 미분한다.

교과서에서는, 흔히 $4x^3 + 1 = u$로 치환하고, u^5을 u로 미분한다.

u가 빈칸 $\square$의 이름이다. 그래서 $5u^4$을 얻는다.

(2) 그다음에, $\square$을 x로 미분한다.

$u = 4x^3 + 1$을 x로 미분한다. 그래서 $12x^2$을 얻는다.

(3) 두 미분 결과(도함수)를 곱한다.

$5u^4 \cdot 12x^2$이 나온다.

어! 그런데 없던 u가 나타났다. 어떻게 해야 할까?

사실, $5u^4 \cdot 12x^2 = 5\square^4 \cdot 12x^2$이다.

$\square$에는 $u = 4x^3 + 1$이 들어간다. '나 자신(여러분)'이 그렇게 두었었다.

그러니까, 이것을 회복하면 된다. 이렇게.

$$5u^4 \cdot 12x^2 = 5(4x^3 + 1)^4 \cdot 12x^2 = 60x^2(4x^3 + 1)^4$$

비교적 쉬운 문제를 예로 들었으니, 이미 이 부분을 공부해본 학생은 풀이법을 쉽게 이해할 것이다.

그런데 궁금증이 생긴다.

'이런 식으로 미분해도 되는 건가?'
'이런 식의 미분법이 왜 성립할까?'

여기서도 수학적 증명이 아니라, 고개가 끄덕여지는 설명이 필요하다.

: 첫 번째 설명 :

설명 목적은 개념에 대한 감을 잡는 것이다.

수학적으로 정확한 설명은 교과서에 이미 있다. 그보다는 간단하고 쉽게 느껴지는 설명이 필요하다.

파깨비 방식의 설명법에서는 톱니바퀴의 비유를 사용한다.

그림에서 보는 것처럼 톱니바퀴를 생각하자. A와 C라는 두 톱니바퀴가 직접 맞물려 있다.

A의 톱니는 8개, C의 톱니는 12개이다.

바퀴가 도는 것은 변화이다. A가 3바퀴 도는 동안에 C는 2바퀴를 돈다. 이것이 변화율이다.

톱니바퀴의 회전이 극히 작은 경우에도 이 비율은 유지된다. 두 톱니바퀴의 극히 작은 회전이 일어날 때의 비율이 곧 순간변화율이다.

순간변화율? 미분이다.

여기서 순간변화율은 톱니바퀴 C의 회전을 톱니바퀴 A의 회전으로 미분(나누기)한 것이다.

식으로 표현하면 이렇다.

$$\frac{dC}{dA} = \frac{\text{C가 2바퀴 돈다.}}{\text{A가 3바퀴 돈다.}}$$

(앞의 문제에서, $\dfrac{dy}{dx} = \dfrac{(4x^3+1)^5\text{의 변화량}}{x\text{의 변화량}}$)

이제 그 사이에 톱니바퀴 B를 끼워 넣었다고 해보자.

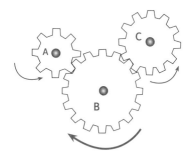

B는 톱니가 16개이다.

그렇다면 이 상태에서 A가 3바퀴 돌 동안에 B는 1바퀴 반을 돌 것이다. 그리고 B가 1바퀴 반을 도는 동안에 C는 2바퀴를 돈다. (회전 방향은 무시하자.)

그리고 역시 아무리 작은 순간적인 회전(순간변화)에서도 이 비율은 유지된다.

이때 A가 도는 동안에 C가 도는 (순간)회전율은 어떻게 될까? 다음과 같이 된다.

$$\frac{dC}{dA} = \frac{\text{C가 2바퀴 돈다.}}{\text{B가 1바퀴 반 돈다.}} \times \frac{\text{B가 1바퀴 반 돈다.}}{\text{A가 3바퀴 돈다.}}$$

(앞의 문제에서, $\dfrac{dy}{dx} = \dfrac{(4x^3+1)^5\text{의 변화량}}{4x^3+1\text{의 변화량}} \times \dfrac{4x^3+1\text{의 변화량}}{x\text{의 변화량}}$)

이것을 미분 기호로 표시하면 다음과 같다.

$$\frac{dC}{dA} = \frac{dC}{dB} \cdot \frac{dB}{dA}$$

우리가 이해하려던 그것이다.

그렇다면 우리는 다음과 같은 것도 얼마든지 가능하다는 것을 쉽게 알 수 있다.

$$\frac{dy}{dx} = \frac{dy}{du} \cdot \frac{du}{dv} \cdot \dots \cdot \frac{dw}{dx}$$

톱니바퀴로 생각하면 이렇다.

193

연결된 톱니바퀴들에서 첫 번째와 마지막 톱니바퀴의 회전 비율은 그 둘만 직접 이어 붙였을 때의 회전 비율과 같을 것이다.

: 두 번째 설명: 왜 곱하기로 나오는가? :

그런데, 내가 이 내용을 공부하면서 한참이나 이해하기 힘들었던 것이 있다.

'왜 함수 안에 있는 함수의 변화율이, 미분에서는 바깥으로 나와 곱해질까?'

문제를 이해하기 위해,
앞에서 본 함수를 미분하는 과정을 다시 보자.

$$y = (4x^3 + 1)^5$$

을 미분할 때,

$$y' = \underline{5(4x^3 + 1)^4 \cdot 12x^2} = 60x^2(4x^3 + 1)^4$$

밑줄 친 부분을 자세히 보자. 최종적인 답의 중간 과정이다. 답의 바로 앞 단계.
이 계산 방법을 그림으로 설명하면 이렇다.

10. 미분적분

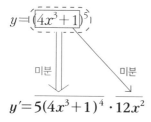

그림에서 보듯이 $5(4x^3+1)^4(=5u^4)$은 바깥에 있는 함수의 미분이고, $12x^2$은 안에 있는 함수의 미분이다. 그리고 이것이 곱해졌다.

이상하지 않은가?

얼핏 생각하면 다음과 같이 계산해야 할 것 같다.

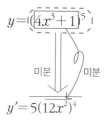

(그럴 듯하지만, 이건 옳지 않음!!)

어떤 함수가 다른 함수 안에 있다. 그러면 그 함수의 미분값이 바깥 함수의 안으로 들어가야 하지 않을까? 왜 바깥으로 나와서 곱해져야 하는가?

답을 말하겠다.

교과서에서 배우는 대로, 미분값들끼리 바깥에서 서로 곱해지는 것이 옳다.

왜 그런지 구체적으로 생각해보자.

그림에서 보듯이 달리는 기차 안에서 사람이 달리고 있다. 기차가 바깥 함수이고, 그 안에서 달리는 사람이 안쪽 함수이다. 그리고 각자의 달리는 속도는 변화율이다. 위치변화율.

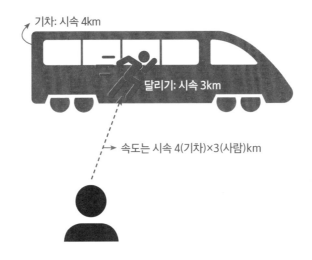

기차: 시속 4km

달리기: 시속 3km

속도는 시속 4(기차)×3(사람)km

기차 안에서 달리는 사람의 속도를 구하는 것이 합성함수의 미분이다. 그 사람의 속도는 자신의 위치변화율(속도)에 기차의 위치변화율(속도)이 합성된 것이니까.

이 속도를 어떻게 구하는가?

기차가 3배로 빨라지고 그 안에서 사람이 4배로 빨리 뛰면, 바

197

깥에서 보기에는 12배로 빨라질 것이다. 한눈에 봐도 알 수 있다. 그냥 두 속도(변화율)를 곱하면 된다. 그렇지 않고, 한 속도를 다른 속도의 식에 집어넣으면 안 되지 않겠는가.

: 역함수의 미분 :

역함수의 미분도 쉽게 이해할 수 있다. 이것 역시 톱니바퀴로 생각할 수 있다.

함수: A의 회전에 대한 C의 회전

역함수: C의 회전에 대한 A의 회전

톱니바퀴 A의 회전에 C의 회전이 대응된다. 이것을 함수라 하자. 그 역함수는 톱니바퀴 C의 회전에 A의 회전이 대응되는 것이다. 이때의 회전율은 원래 회전율 분의 1일 것이다.

하지만 이보다 더 간단히 설명할 수도 있다.

비유보다 더 좋은 설명은 수학적 개념을 직접 사용해서 생각하는 것이다. 쉽기만 하다면 말이다.

역함수의 정확한 수학적 개념은 무엇인가? 수학책에 나오는 대로 이것이다.

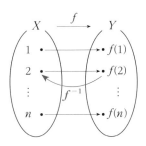

10. 미분적분

이것이 함수 f에 대한 기본 개념이다. X에서 Y로 간다.

그렇다면 f의 역함수는 Y에서 X로 가는 것이다. 정확히 거꾸로 가는 것.

이제 미분을 생각할 차례다.

함수 f의 미분은 x의 (순간)변화량 분의 y의 (순간)변화량이다. 이 값이 a라 하자.

그것을 거꾸로 하는 역함수의 미분은 y의 (순간)변화량 분의 x의 (순간)변화량이다. 즉 $\frac{1}{a}$이다.

$a = 3$이라면 이렇게 될 것이다.

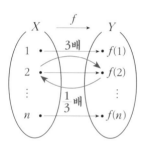

그러므로 함수 f의 미분이 $\frac{dy}{dx}$라면 역함수 f^{-1}의 미분은 $\frac{dx}{dy}$일 수밖에.

그래서 (수학적으로 정확한 설명은 아니지만,)

역함수 f^{-1}는 f의 -1승, 즉 $\frac{1}{f}$인 셈이다.

: 치환적분 감 잡기 :

치환적분은 합성함수의 미분을 반대로 하는 것이다.

다음 함수를 적분한다고 해보자. 부정적분만 생각하겠다.

$$\int \sin(3x^2-1)dx$$

사인 함수 안에($\sin u$의 u에) $3x^2-1$이 들어 있다. 이걸 사인 함수 바깥으로 빼내서 풀어내려 하니, 결코 간단하지 않다.

이럴 때 합성함수의 미분 공식을 거꾸로 이용해서 적분한다.

교과서나 선생님이 설명하시는 방식은 흔히 이렇다. (대충 보길 바란다.)

$3x^2-1=u$로 놓는다. 이제 양변을 u에 대해 미분하면,

$$6x\frac{dx}{du}=1.$$

따라서 $dx=\frac{1}{6x}du$

이제 $\int \sin(3x^2-1)dx$에 이걸 적용한다.

$$\int \sin(3x^2-1)dx = \int \sin u \cdot \frac{1}{6x}du$$

$$= -\frac{1}{6x}\cos u + C = -\frac{1}{6x}\cos(3x^2-1)+C$$

10. 미분적분

이해가 되는가?

나는 이걸 보고 도대체 어떻게 계산을 하는지, 어떻게 그런 계산법을 찾아내는지 알 수가 없었다.

그래서인지 교과서에서는 이런 계산을 하는 공식을 별도로 제시한다.

[공식] $x = g(t)$라고 하자. 그러면,

$$\int f(x)dx = \int \left(f(x)\frac{dx}{dt}\right)dt = \int f(g(t))g'(t)dt$$

읽어보면? 이 공식이 더 어렵다!

파께비 방식은 이렇다.

일단 이렇게 쓴다.

$$\int \sin(3x^2 - 1)d(3x^2 - 1) \cdots$$

여기서 핵심은 패턴 인식이다. 어떤 덩어리를 하나의 숫자로 파악하는 것.

$\int \sin(3x^2 - 1)dx$에서 $3x^2 - 1$을 하나의 숫자(즉 변항)로 본다. 단, 치환하지 않고.

다항식이 수라는 것을 기억하자.

그런데 이렇게 쓰고 나면, 이 식이 원래 식과 같지 않다. 무작정 x를 $(3x^2-1)$로 바꾸었으니까.

같게 만들어줘야 한다. 이렇게.

$$\int \sin(3x^2-1)d(3x^2-1)\frac{dx}{d(3x^2-1)}$$

위 식은 분모와 분자의 $d(3x^2-1)$이 언제든지 약분될 수 있다. 즉 원래 식과 같다.

이 식을 두 부분으로 보자.

첫째, $\int \sin(3x^2-1)d(3x^2-1)$은 $-\cos(3x^2-1)$이 된다.

여전히 $3x^2-1$을 모양새가 복잡한 하나의 기호로 보는 것이 중요하다.

([암기] 참고로, $\cos x$를 미분하면 $-\sin x$이다. 따라서 $\sin x$를 적분하면 $-\cos x$.)

둘째, $\dfrac{dx}{d(3x^2-1)}$는 미분이다. 이것을 뒤집어 $\dfrac{d(3x^2-1)}{dx}$로 생각해서 미분 계산을 한다. 그리고 그걸 분모로 내린다.

$\dfrac{d(3x^2-1)}{dx}=6x$를 계산하고, 다시 이것을 분모로 내려 $\dfrac{1}{6x}$로 만드는 것이다.

미분 개념은 근본적으로 분수라는 것을 기억하자.

이제 이것, 즉 $-\cos(3x^2-1)$과 $\dfrac{1}{6x}$을 곱한다. 원래 곱해진 부분들을 계산하는 것이다.

$$-\cos(3x^2-1)\frac{1}{6x}=-\frac{1}{6x}\cos(3x^2-1)+C$$

끝에 적분상수를 붙였다.

이 방법이 대단히 새로운 건 아니다. 실질적으로는 교과서의 내용과 같다.

하지만 무슨 계산을 하고 있는지 이해하기 쉽지 않은가. 계산하기도 쉽다.

파깨비 방식에서는,

미분과 적분을 구성하는 분수 구조를 그대로 드러냈다.

또 교과서에서는 식을 하나의 문자로 치환하느라고 이해하기 어려운 계산을 했지만 이것을 건너뛴다. 대신에 교과서의 '지나치게 깔끔한' 표현을 버리고 거친 표현을 사용했다.

결국 같은 계산이고 표현이 다를 뿐이다. 틀린 부분은 없다.

: 부분적분 감 잡기 :

부분적분도 어렵다. 그리고 고등학교 과정 적분 중에서는 가장 어렵다.

왜 어려울까?

일단 왜 이런 복잡한 계산을 해야 하는지부터 알면 좋겠다.

결론을 말하자면, 두 함수가 곱해져서 생긴 함수, 이것을 적분하려는 것이다.

적분은 미분을 거꾸로 하는 것이다. 이것을 생각하고 두 함수가 곱해진 미분 공식들을 보자.

(1) $\{f(x)g(x)\}' = f'(x)g(x) + f(x)g'(x)$

(2) $\left\{\dfrac{g(x)}{f(x)}\right\}' = \dfrac{g'(x)f(x) - g(x)f'(x)}{f(x)^2}$

미분 공식들을 보면, 미분될 결과에서 함수들의 곱이 나오는 경우가 없다.

다음과 같은 형태가 없는 것이다.

(3) $\{\ ???\ \}' = f(x)g(x)$

이와 같은 미분 공식이 있어야 그걸 이용해서 (즉, 양변의 위치를

10. 미분적분

바꾸고 적분해서) 다음과 같은 공식을 만들 수 있다.

$$\int f(x)g(x)dx = \{\ ???\ \} + C$$

그런데 이런 공식이 없는 거다.

그렇다면 두 함수가 곱해져 있는 경우 어떻게 적분을 해야 할까?

예를 들어 x와 $\cos x$라는 두 함수가 곱해진 이런 함수.

$$\int x \cos x\, dx = ?$$

이때 부분적분이 필요하다.

그 구체적인 아이디어는 이 공식($\{f(x)g(x)\}'=f'(x)g(x)+f(x)g'(x)$)의 부분을 끄집어내어 계산하는 것이다.

누가 생각해냈는지, 창의성이 대단하다! 나는 그렇게 생각했다.

그 창의성의 핵심은, 적분하려는 함수의 한 부분을 미분된 함수로 보는 것이다.

이제, 왜 부분적분을 하려는지는 알았다.

그런데 그 공식과 계산법이 너무 어렵다.

교과서에서의 계산법은 이렇다. (대충 보자.)

$f'(x) = \cos x, g(x) = x$로 놓으면 $f(x) = \sin x, g'(x) = 1$이다.

그러면,

$$\int \cos x \cdot x \, dx = (\sin x) \cdot x - \int (\sin x) \cdot 1 \, dx$$

(이 단계는 부분적분 공식에 따른다.)

그러므로, $\int x \cos x \, dx = x \sin x + \cos x + C$

그리고 부분적분 공식은 다음과 같다.

$$\int f'(x)g(x)dx = f(x)g(x) - \int f(x)g'(x)dx$$

이런 풀이법에서는 너무 많은 것을 암기해야 한다. 생각도 불필요하게 복잡하다.

좀 더 쉽게 이해하면서 적분하는 방법이 있다.

쉬운 이해를 위해서 부분적분 공식에서 출발하는 것이 아니라 미분공식에서 출발하겠다.

(1) $\{f(x)g(x)\}' = f'(x)g(x) + f(x)g'(x)$

양변을 적분하면 다음과 같이 된다.

10. 미분적분

$$f(x)g(x) = \int f'(x)g(x)dx + \int f(x)g'(x)dx$$

부분적분 공식은 두 개의 적분항 중 하나를 반대편으로 넘긴 것이다.

먼저 이 공식의 좌우변을 바꾼다. 그러고는 적분항 중 하나를 우변으로 넘긴다. 이렇게.

$$\int f'(x)g(x)dx + \int f(x)g'(x)dx = f(x)g(x)$$

$$\int f(x)g'(x)dx = f(x)g(x) - \int f'(x)g(x)dx$$ ◀ 부분적분 공식

마지막 줄처럼, 이렇게 공식을 만들면 보기는 좋을 수 있다. 하지만 괜히 어렵다.

더 쉽게 생각할 수 있다.

어떻게?

: 부분적분, 더 쉽게 하기 :

파깨비 방식을 설명하겠다.

미리 말하건대, 많이 쉽지는 않다. 이유는 나중에 알아보자.

처음의 공식에서 시작한다. 이 공식에서.

$$f(x)g(x) = \int f'(x)g(x)dx + \int f(x)g'(x)dx$$

부분적분 공식에서 시작하는 것과 실질적 차이는 없다. 하지만 이것이 훨씬 쉽다.

부분적분을 위한 핵심 관건은 이렇다.

이 공식의 어디에 x와 $\cos x$를 각각 넣을 것인가?

일단 맨 왼쪽은 아니다.

$$f(x)g(x) = \int f'(x)g(x)dx + \int f(x)g'(x)dx$$

저기에 넣을 수 있다면 처음부터 부분적분을 생각하지도 않았다.

어딘가 다른 곳, 즉 한쪽이 미분된 곳에 x와 $\cos x$를 넣어야 한다. x나 $\cos x$ 둘 중 하나가 미분된 함수라고 보는 것이다. 어느 것을?

답을 찾기 위한 생각의 요령은 이런 질문이다.

> **(둘 중) 어느 함수를 미분해서 곱하면 더 간단해지겠는가?**
> (이 말은 부분적분을 쉽게 이해하는 데 중요하므로 반복할 것이다.)

답은 이렇다.

> **두 함수 중 미분하면 사라지는 것을 고르자. 그걸 미분해야 한다.**

이것이 부분적분의 핵심이다. 미분해야 할 함수를 잘 고르는 것.

물론 실제로 부분적분을 하려면 많은 것을 생각해야 한다. 하지만 성공과 실패의 갈림길은 한 대목이다. 두 함수 중 하나를 미분해서 사라지게 하는 것.

그 후 남은 함수가 적분하기 어려우면 어떡하지? 걱정 없다.

곱해졌던 두 함수 중 하나가 사라져서 함수가 1개만 남는다면 그것이 복잡한 함수라도 (공식을 사용해서) 적분을 할 수 있다.

왜 미분할 함수만 고르면 되는가? (어려우면 이 설명을 건너뛰자.)

왜 이런 식으로 생각해야 하는지를 구체적으로 이해해보자.

출발점은, '공식의 어디에 x와 $\cos x$를 각각 넣을 것인가?'이다.

이것을 결정하려면 공식 안의 함수들의 연결관계를 생각해야

한다.

생각의 요점을 그림으로 나타내면 이렇다.

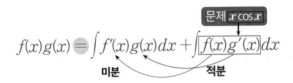

그림이 복잡해 보이지만 요점은 하나다. 두 개의 함수가 각각 미

분, 적분의 관계로 꼬여 있다는 것이다.

실제 적분의 관건은 적분하는 함수를 '쉽게 만들어야' 한다는 것

이다.

다음 그림의 이 부분이다.

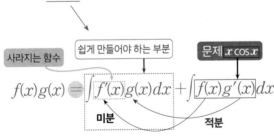

그림에서 맨 오른쪽의 적분기호는 문제를 표현한다. 적분해서

풀 필요가 없다.

10. 미분적분

따라서 그림의 가운데 있는 적분만 쉽게 할 수 있도록 만들면 된다. 이것이 핵심이다.

거기에 한 함수가 미분되어 있다. 이걸 결정해야 한다.

정리하면 다음이 요점이다.

어느 함수를 미분해서 곱하면 적분하기 쉽겠는가? (반복하는 말)

그러므로 x와 $\cos x$ 중 어느 것을 미분할 것인지를 생각해보자.

① $\cos x$를 미분하기로 한다면?

x를 적분해서 $\frac{1}{2}x^2$을 만들고, $\cos x$는 미분해서 $-\sin x$가 된다. (미분 공식)

곱하면 $-\frac{1}{2}x^2\sin x$. 여전히 두 함수의 곱이다. 좋지 않다.

② x를 미분하기로 한다면?

$\cos x$를 적분해서 $\sin x$를 만들지만, x를 미분하면 1이 된다.

곱하면 $\sin x$이다. 함수 1개가 되었다. 좋다.

이제 부분적분을 시작하자.

여기를, 문제라고 생각하자. 즉 x와 $\cos x$가 들어 있다.

$$f(x)g(x) = \int f'(x)g(x)dx + \int f(x)g'(x)dx$$
$$\left(\int x \cdot \cos x\, dx\right)$$

이제, x를 미분하고 $\cos x$를 적분해서 여기에 (1과 $\sin x$를) 넣는다.

$$f(x)g(x) = \underline{\int f'(x)g(x)dx} + \int x \cdot \cos x \, dx$$
$$(\int 1 \cdot \sin x \, dx)$$

이 단계에서 두 함수가 (적분 기호가 있는 두 항에서) 각각 미분과 적분으로 교차된다는 것을 기억하자. 앞에서 봤던 다음 그림처럼.

문제 $x \cos x$

$$f(x)g(x) = \int f'(x)g(x)dx + \int \boxed{f(x)g'(x)}dx$$

미분 ⟵ ⟶ 적분

그럼 여기에는?

$$\underline{f(x)g(x)} = \int 1 \cdot \sin x \, dx + \int x \cdot \cos x \, dx$$

$\cos x$를 적분한 $\sin x$와, x를 넣어야 한다. (둘 다 적분 쪽의 함수다.) 이렇게.

$$(\sin x) \cdot x = \int 1 \cdot \sin x \, dx + \int x \cdot \cos x \, dx$$

이제부터는 설명이 불필요할 정도로 쉽다.

여기서 가운데 항을 왼쪽으로 옮기면 이렇게 된다.

$$(\sin x) \cdot x - \int 1 \cdot \sin x \, dx = \underline{\int x \cdot \cos x \, dx}$$

적분해야 할 문제

이 식에서 문제가 오른쪽에 있으니 왼쪽으로 옮기자. 좌우변을 바꾸는 것이다.

$$\int x \cdot \cos x \, dx = \sin x \cdot x - \underline{\int \sin x \, dx}$$

이 적분을 계산하려면 맨 끝에 있는 $\sin x$를 적분해야 한다. 가능하다. $-\cos x$가 나온다. 그러므로 답은,

$$\int x \cos x \, dx = x \sin x + \cos x + C$$

맨 마지막 답을 쓸 때만 적분상수 C를 넣었다. (그 이전의 단계에서는 거추장스러워서 빼고 생각했다.)

정리하면 이렇다.

문제

x와 $\cos x$가 곱해진 함수를 어떻게 적분할까?

[요령] 생각하자. 둘 중 어느 것을 미분해서 곱하면 더 간단해
질까?

(둘 중 미분하면 사라지는 것을 고른다. x가 그것이다.)

[해결] x를 미분하고, $\cos x$를 적분해서, 공식에 잘 넣는다.

(x를 미분하면 1, $\cos x$를 적분하면 $\sin x$다. 둘을 곱하면 $\sin x$.
적분하기 쉽다.)

끝.

x가 아니라, $\cos x$를 미분하기로 한다면?

문제에서 출발하자. 즉 $\cos x$와 x가 들어 있다. (순서를 바꿔 써놓
았다.)

$$f(x)g(x) = \int f'(x)g(x)dx + \underline{\int f(x)g'(x)dx}$$
$$(\int \cos x \cdot x \, dx)$$

이제 여기에, $\cos x$를 미분하고 x를 적분해서 ($-\sin x$와 $\frac{1}{2}x^2$을)
넣는다.

$$f(x)g(x) = \underline{\int f'(x)g(x)dx} + \int \cos x \cdot x \, dx$$
$$(\int -\sin x \cdot \frac{1}{2}x^2 dx)$$

10. 미분적분

여기에는?

$$f(x)g(x) = \int -\sin x \cdot \frac{1}{2}x^2 dx + \int \cos x \cdot x \, dx$$

x를 적분한 $\frac{1}{2}x^2$과, $\cos x$를 넣어야 한다. (둘 다 적분 쪽의 함수다.)
이렇게.

$$\frac{1}{2}x^2\cos x = \int -\sin x \cdot \frac{1}{2}x^2 dx + \int \cos x \cdot x \, dx$$

여기서 (문제를 표시하는) 맨 오른쪽 항을 중심으로 식을 정리하
면 이렇게 된다. (부호도 정리했다.)

$$\int \cos x \cdot x \, dx = \frac{1}{2}x^2\cos x + \int \sin x \cdot \frac{1}{2}x^2 dx$$

적분을 완료하기 위해서는 이 부분을 적분해야 한다. 그런데 여
기에 또 두 함수 $\sin x$와 $\frac{1}{2}x^2$이 곱해져 있다.
원래 이런 (함수가 곱해진) 문제를 해결하려고 부분적분을 시작했
던 것 아닌가.
실패다.

복잡하고 어려운 부분적분 문제, 그 해결책을 전체적으로 정리해보자.

두 함수가 곱해져 있다. 이것을 어떻게 적분할 것인가?

[생각] 다음 공식을 놓고 생각한다.

$$f(x)g(x) = \int f'(x)g(x)dx + \int f(x)g'(x)dx$$

이 공식의 어디에 각각의 두 함수를 넣을 것인가?

[요점] 어느 함수를 미분해서 곱하면 더 간단해지겠는가? (반복)

미분하면 사라지는 함수를 고른다.

그 함수를 골라냈는가?

이제 공식에 하나씩 집어넣으면 된다. 조심스럽게.

: 다시, 설명이 아닌 설득 :

부분적분은 특히 복잡하다.

부분적분은 적분하려는 함수를, ① 미분된 함수 하나와 ② 그냥 함수 하나가 곱해진 것이라고 생각한다.

이것이 출발점이다. 여기서부터 이미 어렵다.

이미 곱해진 두 함수 중 하나가 이미 미분된 것이다. 그러니까 이것을 적분해서 공식에 집어넣어야 한다. 그리고 또 다른 것은 미분해서 공식에 집어넣어야 한다.

적분을 하려고 공식을 사용하는데, 공식을 사용하기 전에 또 부분적으로 미분과 적분을 해야 하는 것이다.

더 쉽게 할 수 없을까? 없다.

이것은 구불구불한 길을 직선으로 달리려는 것과 같다. 불가능한 소망이다.

시험을 치르는 학생 입장에서는 짜증이 난다.

하지만 과학자 입장에서 생각해보자.

어떤 곱해진 두 함수를 적분해야만 많은 기계들을 자동화할 수 있다면 어떨까? 그래서 100명의 사람이 한 달 내내 해야 하는 일을, 자동화된 기계를 이용해서 1주일 만에 할 수 있다면?

적분 방법이 있는 사실에 감사할 것이다. 부분적분처럼 어렵더라도 말이다.

이것을 학교에서 배우는 것도 이 때문이다.

그나마 모든 함수들의 곱이 부분적분되는 것도 아니다.

부분적분을 할 수 있는 함수라도 있으니 다행이랄까.

맺음말

이 책에서 다루는 고등학교 수학은 쉽지 않다.

그럼에도 이 책은 '쉽게' 그리고 '정확하게' 수학을 설명하려고 한다.

내가 정말 하기 싫은 말은 이런 유의 말이다.

> "내가 잘 설명했는데 이 정도도 이해 못 하면… (그건 네 탓이야!)"

그렇지 않다.

독자인 여러분은 가볍게 읽고 쉽게 이해해야 한다.

그게 안 된다면 설명한 사람의 잘못이다.

또 짧은 시간 동안 읽을 수 있어야 한다. 장황한 설명은 작가인 나도 읽지 않는다.

앞으로 여러분이 공부할 수학은 여전히 많다.

어렵고 난해한 내용들이 지금보다 더 많다.

어떤 내용은 여전히 짧고 쉽게 설명이 잘 안 된다.

하지만 방법이 있을 것이다.

아무리 복잡하고 어려운 내용이라도 단순하고 쉽게 설명할 수 있는 방법은 반드시 있다.

나는 나름대로 그걸 찾아서 쓰고 있다. 여러분이 읽고 판단해 주시기를.

이 책이 여러분의 수학 공부에 작지만 든든한 안내서가 되길 바라며.

해볼 만한 수학 (심화편)

1판 1쇄 찍음 2024년 10월 7일
1판 1쇄 펴냄 2024년 10월 14일

지은이 이창후

주간 김현숙 | **편집** 김주희, 이나연
디자인 이현정, 전미혜
마케팅 백국현(제작), 문윤기 | **관리** 오유나

펴낸곳 궁리출판 | **펴낸이** 이갑수

등록 1999년 3월 29일 제300-2004-162호
주소 10881 경기도 파주시 회동길 325-12
전화 031-955-9818 | **팩스** 031-955-9848
홈페이지 www.kungree.com
전자우편 kungree@kungree.com
페이스북 /kungreepress | **트위터** @kungreepress
인스타그램 /kungree_press

ISBN 978-89-5820-896-9   03410